エーダブリューエス
AWS
1年生
クラウドのしくみ

図解でわかる！
会話でまなべる！

1年生

株式会社NTTデータ
鮒田 文平 監修

リブロワークス 著

SE
SHOEISHA

本書内容に関するお問い合わせについて

このたびは翔泳社の書籍をお買い上げいただき、誠にありがとうございます。

弊社では、読者の皆様からのお問い合わせに適切に対応させていただくため、以下のガイドラインへのご協力をお願いいたしております。

下記項目をお読みいただき、手順に従ってお問い合わせください。

ご質問される前に

弊社 Web サイトの「正誤表」をご参照ください。これまでに判明した正誤や追加情報を掲載しています。

正誤表　https://www.shoeisha.co.jp/book/errata/

ご質問方法

弊社 Web サイトの「書籍に関するお問い合わせ」をご利用ください。

書籍に関するお問い合わせ　https://www.shoeisha.co.jp/book/qa/

インターネットをご利用でない場合は、FAX または郵便にて、下記翔泳社 愛読者サービスセンターまでお問い合わせください。電話でのご質問は、お受けしておりません。

回答について

回答は、ご質問いただいた手段によってご返事申し上げます。ご質問の内容によっては、回答に数日ないしはそれ以上の期間を要する場合があります。

ご質問に際してのご注意

本書の対象を超えるもの、記述個所を特定されないもの、また読者固有の環境に起因するご質問等にはお答えできませんので、あらかじめご了承ください。

郵便物送付先および FAX 番号

送付先住所　〒160-0006　東京都新宿区舟町5

FAX 番号　03-5362-3818

宛先　㈱翔泳社 愛読者サービスセンター

はじめに

　Amazon Web Services（略して、AWS）は、オンラインショッピングサイトで有名なAmazon社が提供している、クラウドコンピューティングサービス（略して、クラウド）です。

　クラウドは、近ごろのシステム開発において、欠かせない存在になっています。その中でもAWSはクラウドインフラ市場のシェア1位のため、システム開発に興味がある方や、新米エンジニアとしてシステム開発の現場に配属された方の中には、AWSを学習する必要性を感じている人が多いのではないでしょうか。

　AWSの本はたくさん出版されていますが、本書はその中でも超初心者向けとして、一番やさしく学べる本を目指して執筆しました。物知りなカワウソ先生と、AWSの超初心者である、ウサギのヒナタちゃんと一緒に、クラウドとAWSの世界を楽しく学習していきましょう。

　本書では、クラウドやAWSとは何かという基本的な内容から始まり、AWS独自の用語やしくみ、代表的な機能について、図をたくさん使って1つずつ解説しています。

　また、AWSを理解するには、サーバーやネットワークの基礎知識が必要です。その学習を飛ばしてしまうと、AWSを理解しづらい場合があります。そこで本書では、AWSの各サービスを理解するのに必要な、サーバーやネットワークの知識もあわせて解説しているので、初心者でも安心して学ぶことができます。

　本書を読み終えた際は、AWSの全体像をしっかりと捉えられるようになっていることでしょう。

　AWSの用語やしくみを学ぶことで、初心者がAWSについ感じてしまうハードルの高さを無くし、AWSを使った開発を行うきっかけになれば、大変うれしく思います。

2024年2月吉日
リブロワークス

もくじ

第1章 AWSを使うと何ができるの？

第2章　AWSを使い始めるには

第3章 AWSでサーバーを動かす

第4章 AWSにデータを保存する

第5章 そのほかに知っておきたいAWSの基礎的なサービス

本書の対象読者とAWS1年生シリーズについて

本書の対象読者

　本書はAWSのクラウドのしくみについて学びたい方に向けた入門書です。会話形式で、AWSのクラウドのしくみを理解できます。初めての方でも安心してAWSのクラウドの世界に飛び込むことができます。

　・AWSのクラウドについて何も知らない超初心者

AWS1年生シリーズについて

　AWS1年生シリーズは、AWSについて何も知らない超初心者の方に向けて、「基礎知識を学んでもらう」「しくみを理解してもらう」ことをコンセプトにした超入門書です。超初心者の方でも学習しやすいよう、次の3つのポイントを中心に解説しています。

ポイント❶ 基礎知識がわかる

　章の冒頭には漫画やイラストを入れて各章で学ぶことに触れています。冒頭以降は、イラストを織り交ぜつつ、基礎知識について説明しています。

ポイント❷ AWSのしくみがわかる

　必要最低限のAWSのサービスをピックアップして内容を構成しています。また、途中で学習がつまずかないよう、会話を主体にして、わかりやすく解説しています。

ポイント❸ 図解でわかる

　初めてAWSのクラウドを学ぶ方に向けて、楽しく学べるよう図解で工夫して解説しています。

カワウソ先生

ヒナタちゃん

本書の読み方

　本書は、初めての方でも安心してAWSのクラウドの世界に飛び込んで、つまずくことなく学習できるよう、さまざまな工夫をしています。

カワウソ先生とヒナタちゃんの
ほのぼの漫画で章の概要を説明
各章で何を学ぶのかを漫画で説明します。

この章で具体的に学ぶことが、
一目でわかる
該当する章で学ぶことを、イラストでわかりやすく紹介します。

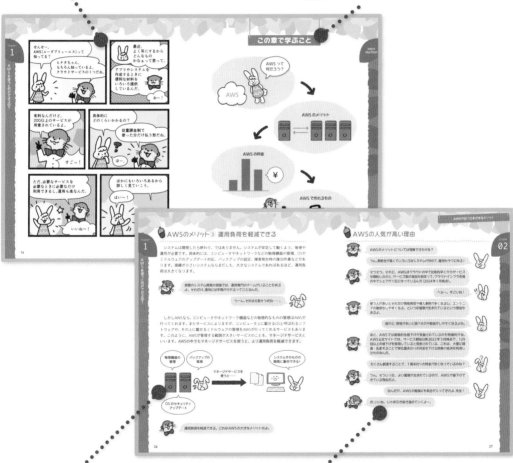

イラストで説明
難しい言いまわしや説明をせずに、イラストを多く利用して、丁寧に解説します。

会話形式で解説
カワウソ先生とヒナタちゃんの会話を主体にして、概要やしくみについて楽しく解説します。

会員特典データのダウンロードについて

会員特典データのご案内

会員特典データは、以下のサイトからダウンロードして入手いただけます。

- **会員特典データのダウンロードサイト**

  URL https://www.shoeisha.co.jp/book/present/9784798180076

注意

会員特典データをダウンロードするには、SHOEISHA iD（翔泳社が運営する無料の会員制度）への会員登録が必要です。詳しくは、Webサイトをご覧ください。

会員特典データに関する権利は著者および株式会社翔泳社が所有しています。許可なく配布したり、Webサイトに転載したりすることはできません。

会員特典データの提供は予告なく終了することがあります。あらかじめご了承ください。

免責事項

会員特典データの記載内容は、2024年2月現在の法令等に基づいています。

会員特典データに記載されたURL等は予告なく変更される場合があります。

会員特典データの提供にあたっては正確な記述につとめましたが、著者や出版社などのいずれも、その内容に対してなんらかの保証をするものではなく、内容やサンプルに基づくいかなる運用結果に関してもいっさいの責任を負いません。

会員特典データに記載されている会社名、製品名はそれぞれ各社の商標および登録商標です。

著作権等について

会員特典データの著作権は、著者および株式会社翔泳社が所有しています。個人で使用する以外に利用することはできません。許可なくネットワークを通じて配布を行うこともできません。個人的に使用する場合は、ソースコードの改変や流用は自由です。商用利用に関しては、株式会社翔泳社へご一報ください。

2024年2月

株式会社翔泳社　編集部

第1章
AWSを使うと何ができるの？

この章で学ぶこと

AWSって
何だろう？

AWS

AWS のメリット

AWS の料金
¥

AWS で作れるもの

AWSって何だろう？

さあ、これから AWS を始めましょう。AWS って一体、何者なのでしょうか。

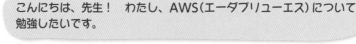

こんにちは、先生！　わたし、AWS（エーダブリューエス）について勉強したいです。

やあ、ヒナタちゃん。いきなりどうしたの？

最近、名前をよく聞くし、なんかすごいらしいから、気になったの。

確かに、コマーシャルでもときどき見かけるよね。

でも、AWSがすごいらしい、っていう話だけで……。

うん。

何がどうすごいのか、AWSを使うと何ができるのかが全然わかんないの。先生に教えてもらえたら、うれしいかなって……。

なるほどね。じゃあ、AWSを勉強してみるかい？

はい！　ぜひよろしくお願いしま～す！

AWSって何？

Amazon Web Services（略して、AWS）は、オンラインショッピングサイトで有名なAmazon社が提供しているクラウドコンピューティングサービスです。

クラウドコンピューティング（略して、クラウド）とは、インターネットを通じて、コンピュータやストレージ、ネットワークなどを利用できるサービスのことです。

本来、コンピュータが欲しいなら自分で物理的な機器を購入する必要があります。また、ネットワークを構築したいなら自分でルーターやハブといった機器をつなぐ必要があります。しかしクラウドなら、物理的な機器を購入せずに、それらを利用することが可能です。

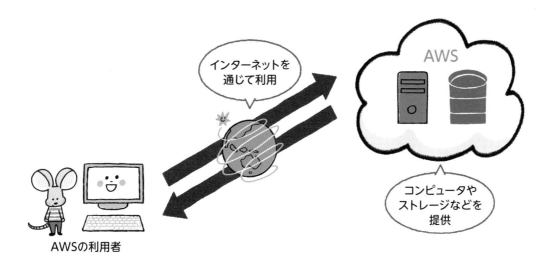

インターネットを
通じて利用

AWS

コンピュータや
ストレージなどを
提供

AWSの利用者

クラウドは、AWS以外にもさまざまなものがありますが、その中でもAWSは知名度が高く、よく利用されているサービスです。

Amazonって動画が観られる「プライムビデオ」とかも提供している、あのAmazon？

そうだよ。そのAmazonだよ。

ネットショッピングや動画のイメージが強いけど、クラウドも提供しているんだね〜！

AWSは2006年に誕生したサービスですが、ここ十数年ほどで急速にさまざまなシステムに使われるようになりました。例えば、キャッシュレスサービスのPayPay（ペイペイ）は、AWSを使って作られているシステムです。

へぇ～。PayPayってAWSを使って作られているんだね！

またAWS公式サイトでは、任天堂株式会社のゲームである「Super Mario Run（スーパーマリオ ラン）」のインフラにもAWSが使われていることや、ソーシャルゲームサービスを提供するグリー株式会社で数千台のサーバーがAWSに移行されたこと、ANA（全日本空輸株式会社）が持つ、予約・発券・搭乗などの膨大なデータを管理するシステムにもAWSが使われていることなどが公開されています。

自分たちの生活のさまざまなところで、
AWSは使われているんだよ～。

意外と身近な存在なんだね。

なお、ほかのAWSの導入事例は、以下から検索可能です。

＜AWSの導入事例＞

https://aws.amazon.com/jp/solutions/case-studies/

クラウドには種類がある

クラウドってAWSだけじゃなくて、ほかにもいろいろあるんだよ。

ふーん。どんなものがあるの？

例えば、Microsoft社のAzure（アジュール）やGoogle社のGoogle Cloud（グーグルクラウド）があるよ。AWSとこの2つをあわせて、世界三大クラウドと呼ばれているんだ。

ま、まいくろそふと？　ぐーぐる？　すっごい有名な会社ばっかり！

もっと身近なところでいうと、表計算ソフトのExcelや文書作成ソフトのWordが含まれている、Microsoft 365というサービスや、Google社のメールサービスである、Gmailもクラウドの1つだよ。

あ、Gmailはよく使っているよ。それもクラウドなんだね〜。

ここで、クラウドの種類について学んでおこうか。

　一口にクラウドといっても、クラウドの事業者（クラウドプロバイダー）が提供してくれる範囲によって、大きくIaaS、PaaS、SaaSの3つに分類できます。

- **IaaS（イアース）**
サーバーやネットワークといったインフラを提供するサービスです。

- **PaaS（パース）**
サーバーやネットワークといったインフラに加えて、アプリケーションを動かすための基盤（OSやミドルウェア）も提供するサービスです。OSはハードウェアとアプリケーション、ミドルウェアはOSとアプリケーションの間の、仲介を担うソフトウェアです。

- **SaaS（サース）**
業務ソフトやメールといった、アプリケーションを提供するサービスです。

　IaaSがアプリケーションのインフラのみを提供するのに対し、SaaSはアプリケーションまで提供します。見方を変えると、IaaSは自由度が高くその分運用負荷がかかるということです。一方、SaaSは自由度は低いですが、運用負荷も低いです。

　AWSはIaaSとPaaSを提供するクラウドです。

	:利用者が用意
	:クラウドが提供

IaaS

アプリケーション

OSやミドルウェア

インフラ
（サーバーやネットワーク）

代表例：
AWS、Azure、Google Cloud

PaaS

アプリケーション

OSやミドルウェア

インフラ
（サーバーやネットワーク）

代表例：
AWS、Azure、Google Cloud

SaaS

アプリケーション

OSやミドルウェア

インフラ
（サーバーやネットワーク）

代表例：
Microsoft 365、Gmail など

AWSはココ！

高　自由度　低

高　運用負荷　低

IaaSからSaaSに向かって、クラウドが提供する範囲が広がっていくイメージだよ。それにあわせて、自由度や運用負荷も下がるんだ。

運用負荷と引き換えに、自由を手に入れる……って感じなのね。

ここで重要なのが、AWSはIaaSとPaaSを提供するクラウド、ということなんだ。

それってどういうこと？

 つまり、Microsoft 365やGmailとかのアプリケーションもクラウドの一種なんだけど、AWSはそれらとは違うってことだよ。

AWSはアプリケーションじゃなくて、あくまでインフラやOSなどを提供している……ってこと？

 そうそう！　AWSはアプリケーションやシステムを作るための材料を提供しているクラウドなんだ。

Microsoft 365やGmailとはちょっと違うのね。なるほどね〜。

 そこが、AWSを理解するのにまず押さえたいポイントだよ〜！

AWSが持つ さまざまなメリット

ここからは、**AWS** の特徴とメリットを探っていきましょう。

AWS がアプリケーションやシステムを作るための材料を提供するっていうことはわかったんだけど、具体的にはどんなサービスや機能を提供しているの？

まずはサーバーやネットワークだね。ほかにもありとあらゆるものを提供しているよ。

それ、ぜひ教えてほしいです！

じゃあ、AWSのメリットも含めて解説していこう。

AWSのサービス数は200以上!

　AWSでは、サーバー（サービスを提供するコンピュータ。詳しくはP.74で解説）が欲しいなら「Amazon EC2（アマゾンイーシーツー）」、ネットワークを作成したいなら「Amazon VPC（アマゾンブイピーシー）」と呼ばれるサービスを使います。このようにAWSでは、分野や機能ごとに分けてサービスが提供されています。そのためAWSを使って何かを開発する際は、必要なサービスだけを選んで使用します。

　AWSではサーバーやネットワークだけではなく、ストレージやデータベース、IoT、人工知能（AI）など、さまざまな分野のサービスがあり、合計で200以上のサービスが提供されています（2024年1月時点）。

AWSの代表的なサービスを分野別に並べると、次のようになります。

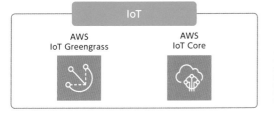

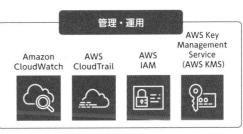

えぇ～！　全部で200以上もあるの！？　量が多すぎるよ！

すごい数だよね。

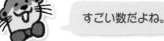

そんなに多いの、覚えられないよ……。

全部覚える必要は全くなくて、自分にとって必要なサービスだけ理解しておけば十分！　だから、心配しなくて大丈夫だよ。

AWSのメリット① 柔軟性が高い

でも、なんでわざわざAWSを使うの？　サービス数も多いし、かえって面倒じゃないの？

そこは気になるところだよね。でもね、それ以上に、AWSには、いろいろなメリットがあるからなんだよ。

　最も大きなメリットは、柔軟性が高いことでしょう。例えば、システムへのアクセス数が増えたのでサーバーを増やしたい場合、通常はサーバーを追加で購入し、設定なども自分たちで行う必要があります。

　一方AWSなら、画面でいくつか設定するだけでサーバーを増やせます。またアクセス数が多い場合にサーバーを増やし、アクセス数が少ない場合はサーバーを減らすといったことも、設定レベルで容易に行えます。

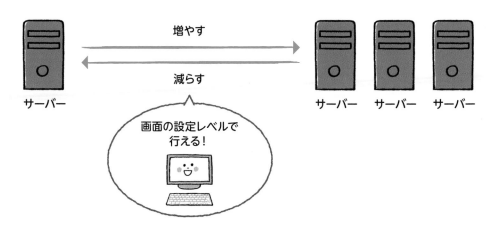

　このように、AWSなら必要なときに、必要なものを、必要なだけ使えるので、システムの仕様変更や、アクセス数といった外部要因などに、柔軟に対応しやすいのです。

AWSのメリット② さまざまなシステムが作れる

　先ほども解説したように、AWSには分野ごとにたくさんのサービスが用意されています。システムを作るために必要なものはほぼそろっているので、組み合わせるとさまざまなシステムを作ることができます。つまり、AWSはさまざまな材料が用意されているお道具箱といえるのです。

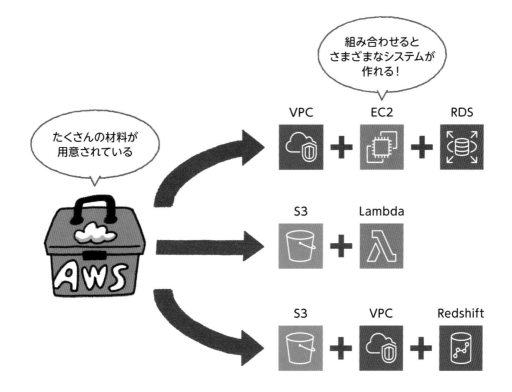

 サービス数が多くて、それが組み合わせやすくなっているから、いろいろなものがAWSだけで作れちゃうんだ。まさに、さまざまな材料が用意されたお道具箱だね。

わたしも、お気に入りの鉛筆やペン、メモ帳とかを入れたお道具箱なら持っているよ～。宝物なの！

AWSのメリット③ 運用負荷を軽減できる

システムは開発したら終わり、ではありません。システムが安定して動くよう、管理や運用が必要です。具体的には、コンピュータやネットワークなどの物理機器の管理、OSやミドルウェアのアップデート対応、バックアップの設定、障害発生時の復旧作業などがあります。規模が小さいシステムならまだしも、大きなシステムであればあるほど、運用負荷は大きくなります。

実際のシステム開発の現場では、運用専門のチームがいることもあるよ。それだけ、運用には手間がかかるってことなんだ。

うーん、それは大変そうだね……。

しかしAWSなら、コンピュータやネットワーク機器などの物理的なものの管理はAWSが行ってくれます。またサービスによりますが、コンピュータ上に載せるOSと呼ばれるソフトウェアや、その上に載せるミドルウェアの管理をAWSが行ってくれるサービスもあります。このように、AWSが管理する範囲が大きいサービスのことを、マネージドサービスといいます。AWSの中でもマネージドサービスを使うと、より運用負荷を軽減できます。

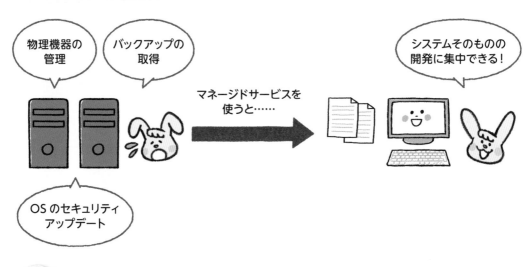

物理機器の管理

バックアップの取得

システムそのものの開発に集中できる！

マネージドサービスを使うと……

OSのセキュリティアップデート

運用負荷を軽減できる。これはAWSの大きなメリットだよ。

AWSの人気が高い理由

 AWSのメリットについては理解できたかな？

うん。柔軟性が高くていろいろなシステムが作れて、運用もラクになる！

 そうそう。それに、AWSはクラウドの中で比較的早くからサービスを開始したのと、サービス数の増加も相まって、クラウドインフラ市場の中でシェアが1位になっているんだ（2024年1月時点）。

 へぇ〜。すごいね！

 使う人が多いとそれだけ情報発信や導入事例が多くなるし、エンジニアの確保もしやすくなる、という好循環が生まれているという理由もあるよ。

 確かに、情報が多いと調べものや勉強がしやすくなるよね。

 あと、AWSでは継続的な値下げが実施されているのも特徴的かな。AWS公式サイトでは、サービス開始以降2023年3月時点で、129回以上の値下げを実現していると発表されている。これは、大量に調達・生産することで単位量あたりの料金を下げる規模の経済を利用したものなんだ。

 たくさん調達することで、1個あたりの料金が安くなっているのね？

 うん。そういった、よい循環が生まれているのが、AWSが値下げできている理由だよ。

 なんだか、AWSの勉強にも気合が入ってきたよ、先生！

 お、いいね。じゃあ引き続き進めていくよ〜。

LESSON

03

Chapter

1

AWSを使うと何ができるの？

クラウドと
オンプレミスの違い

AWSはクラウドサービスの1つです。クラウドをよく理解するためにも、かつてのシステム構築の形態について学んでおきましょう。

 AWSを使うと、さまざまなシステムが作れることがわかったかな？

うんっ！　いろいろ作れてメリットもたくさんあるのがわかったよ！

 それはよかった。実はね、クラウドやAWSが普及する以前は、システム開発には、「オンプレミス」という形態を使うのが普通だったんだ。

お、おんぷれみす？

 クラウドの理解を深めるためにも、そのオンプレミスについて学んでおこう。

 ## オンプレミスとは

　クラウドとよく比較される形態に、オンプレミスというものがあります。オンプレミスとは、自社のサーバーを自社で管理する形態のことです。

28

クラウドの場合	オンプレミスの場合

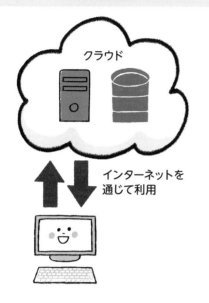

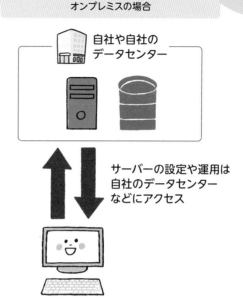

　かつては、何らかのシステムを作ろうと思ったら、オンプレミスを採用することが基本でした。しかし、オンプレミスだとコンピュータの購入や設定をすべて自社で行う必要があります。そのため、以下のようなさまざまな投資が必要です。

- コンピュータの購入が必要なので、**初期費用がかかる**
- コンピュータの設置や運用をすべて自分たちで行う必要があるので、**負荷が高い**
- サーバーを増やすには、**物理的なコンピュータを追加で購入する必要がある**

　一方クラウドなら、柔軟性が高く、運用負荷も軽減できるので、近ごろの開発では、クラウドの利用が非常に多くなっています。

　オンプレミスのメリットとしては、自社のサーバーを自社で管理しているので、細かなカスタマイズがしやすいという点が挙げられます。クラウドでは、クラウドプロバイダーが管理している物理的なコンピュータやネットワーク機器は、利用者がカスタマイズできないためです。そのため、新規の開発であっても、あえてオンプレミスを選択するケースは存在します。

オンプレミスにもメリットがあるから、何でもクラウドを使えばいいわけじゃない。作るシステムや条件にあわせてどちらを使うか考える必要があるんだ。

LESSON
04

世界中にあるAWSの データセンター

AWSではデータセンターが世界中にあります。この点は、AWSを利用する際の非常に大きなメリットです。

Amazonってアメリカの会社だよね。いまさらだけど、AWSは日本でも使えるんだよね？

うん。使えるよ。日本語に対応しているし、支払いも日本円が使えるよ。

なんだか、グローバルだね！

AWSは日本だけじゃなくて、さまざまな国で使えるよ。例えば、AWSを使うと、システムをアメリカに作ることも簡単なんだ。

ええ！　アメリカにシステムが作れちゃうの！？

それができるのは、AWSのデータセンターがすごいことになっているからなんだよ〜。

AWSのデータセンターがある地域

　AWSでは、世界中にデータセンターが用意されています。アメリカやイギリス、オーストラリアなどさまざまな場所にあるので、AWSを使うと、世界中にあるデータセンターでサーバーが簡単に作成できます。

　AWSではデータセンターが置かれた地域のことを、リージョンと呼びます。リージョン

とは、地域や区域を意味する「region」という英単語に由来しています。2024年1月時点では、世界中で33のリージョンがあり、数は年々増えています。日本には東京リージョンと大阪リージョンという、2つのリージョンがあります。

<AWSのリージョン>

https://aws.amazon.com/jp/about-aws/global-infrastructure/

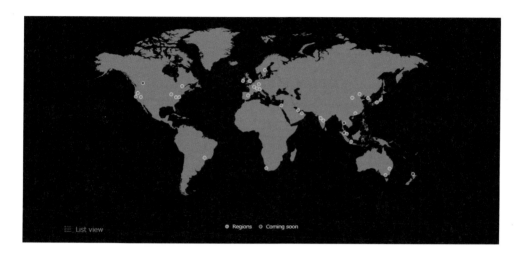

世界中にリージョンがあるおかげで、システムを実際に使う人（エンドユーザー）に近い地域で、サーバーを作成できます。これは、遅延が少ないシステムを作ることに役立ちます。この、システムの遅延や待ち時間のことを、レイテンシといいます。

例えば、主に日本の人たちが使うシステムなら、東京リージョンや大阪リージョンにサーバーを用意します。またアメリカで主に使われるシステムであれば、アメリカにあるリージョンを使用するのがいいでしょう。

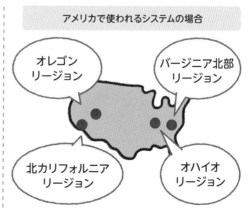

31

リージョンに置かれたデータセンター

リージョンの中には、独立したデータセンター群があります。これをアベイラビリティゾーン（Availability Zone。略して、AZ）と呼びます。アベイラビリティゾーンは地理的に離れた場所にあり、例えば、東京リージョンには、アベイラビリティゾーンが4つ、大阪リージョンには、アベイラビリティゾーンが3つあります。

AWSのサービスには、使う際に、リージョンやアベイラビリティゾーンの指定が必要なものがあります。例えば、AWSのサーバーサービスである「EC2」を使う際、東京リージョンを指定すると、東京リージョンにサーバーが構築されます。

 リージョンという地域の中に、アベイラビリティゾーンが用意されているんだ。この包含関係は重要だから、上記の図のイメージをしっかり覚えてね。

わかりました、先生！

アベイラビリティゾーンはそれぞれ独立しているので、複数のアベイラビリティゾーンにサーバーを作成しておくことで、あるアベイラビリティゾーンに障害が発生しても、ほかのアベイラビリティゾーンのサーバーで処理を続行することが可能です。この構成を、マルチAZと呼びます。

 Availability（可用性）とは、システムがいつでも安定して使えることを指すよ。可用性を確保するためのゾーン（地域）ってことが、アベイラビリティゾーンの名称の由来なんだ。

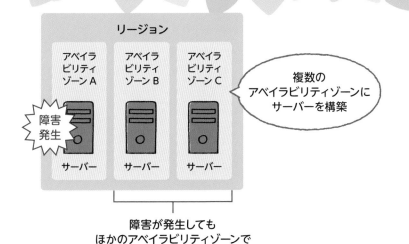

複数の
アベイラビリティゾーンに
サーバーを構築

障害
発生

障害が発生しても
ほかのアベイラビリティゾーンで
システムを維持できる

このように、アベイラビリティゾーンを複数利用すると、システムを冗長構成にすることが可能です。冗長構成とは、障害発生時用に、事前に予備のシステムを用意しておくことです。

アベイラビリティゾーンに、予備のシステムを用意しておくってこと？

そうそう。同じデータセンターに予備のシステムを用意しても、そのデータセンター自体が故障とかでダメになったら意味ないでしょ？だから、異なるアベイラビリティゾーンに予備を用意するんだ。

あぁ、なるほど。確かに予備を同じ場所に置くのはリスクがあるよね。

また、複数のリージョンを使うことは、マルチリージョンと呼ぶよ。マルチリージョンにすることで、あるリージョンに障害が発生してもほかのリージョンでシステムを続行できるという、リージョンを越えた冗長構成にすることが可能なんだ。

じゃあ、マルチリージョンにしておいたほうがいいんじゃないの？

ただ、マルチリージョンにすると料金が高くなってしまうんだ。マルチAZも、マルチリージョンほどではないけど料金がかかる。だから、システムの重要度にあわせて、マルチAZやマルチリージョンが必要なのかを、検討する必要があるよ。

AWSの勉強を進める際の心掛け

AWSがすごいのはわかってきたけど、リージョンやアベイラビリティゾーンとか、用語がちょっと難しいね。

覚えにくいかもしれないけど、AWSを利用する際には、リージョンとアベイラビリティゾーンは、必須の用語なんだ。ほかにも、AWSには、独自の用語がたくさんあるんだよ。

そうなんだ……。

ただ、用語を覚えていくことが、AWSの勉強を進めるポイントなんだ。

どういうこと？

AWS独自の用語がわからないと、AWSの画面やドキュメントを見ても理解が進まないからだよ。

ふむふむ。

あとは、実際のシステム開発の現場でAWSを使う場合も、用語がわかっていないとほかのエンジニアと会話ができないからねえ。

うーん。そっかあ。

ただ、用語はこのあとも1つずつ解説していくから、安心してね。

ちょっと難しいけど、が、がんばるよ～。

AWSの利用料金

AWS の利用には、お金がかかります。ここでは、AWS の料金体系や考え方について学びましょう。

さっき、AWSの料金は日本円で払えるという話があったけど、AWSの利用にはお金がかかるの？

そう。AWSは有料のサービスなんだ。

じゃあ、何も考えずに使ったら、すごい料金になることもあるの？　急に心配になってきた……。

確かに、考えて使わないとそういうこともあるね。ただ、料金を管理するツールがいろいろ用意されているんだ。

じゃあ、そのあたりも含めて、AWSの料金について教えてくださ〜い！

使った分だけ払う「従量課金制」

　AWSの料金体系は基本的に、使った分だけ支払う、従量課金制です。使った分だけ払う、というと当たり前なような気もしますが、例えば、動画の配信サービスでは、月額料金が定額なことはよくありますね。この場合、動画を観た月も観ていない月も、一律で同じ料金になります。

　一方、AWSは性質上、たくさん使う月とあまり使わない月の差が大きくなりやすいサービスです。従量課金制のおかげで、料金の最適化が図れるようになっているのです。

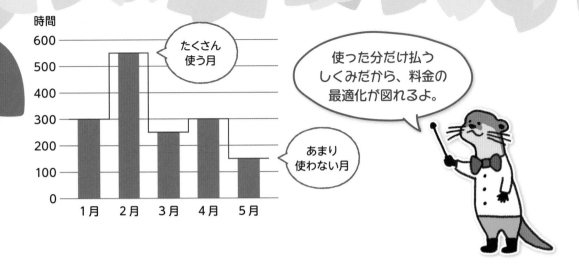

時間

たくさん
使う月

使った分だけ払う
しくみだから、料金の
最適化が図れるよ。

あまり
使わない月

従量課金制とあわせて、AWSはドル建てなことを押さえておこう。
そのため、日本円で支払う場合には、為替の影響を受けることに注意し
よう。

AWSでは無料利用枠が用意されている

基本的に、AWSの利用は有料なんだけど、無料で使える部分もあるよ。

えっ！　無料で使えるものもあるの！？

　AWSの無料利用枠で提供されるサービスには、以下の「無料トライアル」「12カ月間無料」「常に無料」という3種類があります。

AWSの無料利用枠で提供されるサービス

種類	概要
無料トライアル	特定のサービスを使い始めた日からある特定の期間まで無料。例えば、Amazon Redshiftは2カ月間無料（ただし、DC2.Largeノードのみ）、などがある
12カ月間無料	AWSに初めてサインアップした日から12カ月間無料。例えば、EC2は、12カ月間、月あたり750時間無料、などがある（ただし、特定のインスタンスタイプのみ）
常に無料	AWSのユーザーすべてが利用可能。例えば、Amazon DynamoDBは25GBのストレージが無期限無料

実際のシステム開発でAWSを使う場合、すべて無料利用枠に収めることは難しいけど、AWSそのものの検証や学習目的なら、無料利用枠をうまく使って料金を抑えることができるよ。

無料の部分があると、始めやすいね。

無料利用枠の詳細は、以下のページもあわせて参照するといいよ。サービスごとの無料利用枠が検索できるようになっているんだ。

＜AWS無料利用枠＞

https://aws.amazon.com/jp/free/

検索できるの、助かるよ～。

目的にあわせて選べる割引オプション

　AWSは基本的に従量課金制ですが、料金の割引オプションが備わっているサービスもあります。

　例えば、EC2というサービスでは、通常の従量課金制である「オンデマンド」以外にも、短期間でそのときだけ利用というケースで安価に使えるスポットインスタンスや、1年または3年使うことを約束するかわりに料金を割引するリザーブドインスタンスやSavings Plansなどがあります。

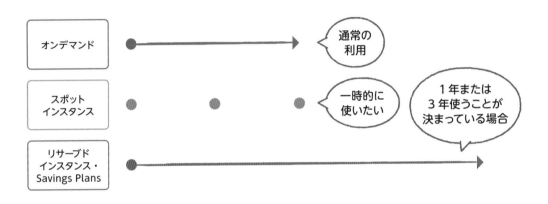

　また、S3（エススリー）と呼ばれるストレージサービスでは、データの取り出し頻度が低い場合に安価に使える料金プランが用意されています（P.137参照）。

　このように、割引オプションを目的に応じて選べるのも、料金の最適化が図れるポイントです。

賢くやりくりしなくちゃね〜。家計簿でも付けちゃおっかな！？

AWSでは料金を管理するツールがあるから、それを使うといいよ。

料金を管理するツール① AWS Budgets

　AWSは従量課金制です。つまりは、請求が来るまで、正確な料金はわからないということです。この点は、AWSのデメリットともいえます。

それは確かに怖いわね。

　そこでAWSでは、料金を管理するためのツールが用意されています。
　AWS Budgetsは、予算を作成できるサービスです。利用料金が作成した予算を超えそうな場合や予算に達した場合に、メールや、チャットツールであるSlackなどで通知するよう設定できます。

```
予算を          予算を超えそう・超えた場合に      メールが来るので
設定しておく         メールなどで通知             気づける！
```

　　　✉　　　→　　　

AWS Budgets

例えば「無料利用枠を超えて利用した場合」とか、「予算を超過した場合」とかに通知を送るよう設定できるんだ。

想定より使っているよ〜って教えてくれるの？

そうそう。

便利そう〜！　普段からネットショッピングしすぎとかも教えてほしい〜！

それは自分で管理しようね……。

料金を管理するツール② AWS Cost Explorer

　AWS Cost Explorerは、AWSの使用状況や料金を閲覧できるサービスです。Cost Explorerを有効にすると、当月を含めた過去13カ月間の料金がグラフで確認できます。

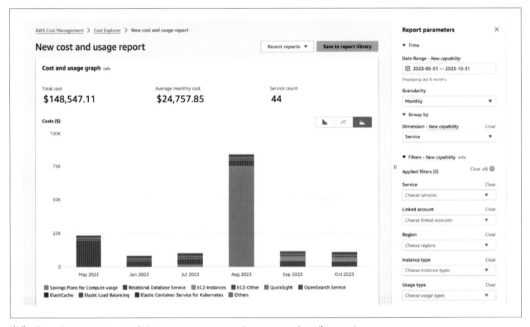

出典：https://aws.amazon.com/jp/aws-cost-management/aws-cost-explorer/features/

 予算を超えそうかどうかはAWS Budgetsで通知するようにして、実際どのサービスをどのぐらい使ったのかはCost Explorerで管理するといいよ。

料金を管理するツールまであるなんて、至れり尽くせりだね。

 また、AWSではAWS Pricing Calculatorというサービスがある。このサービスを使うと、AWSのサービスごとの金額を確認して予測することが可能なんだ。これらのサービスを使って、想定外の料金にならないように、日々管理していくことが重要だよ。

<AWS Pricing Calculator>

https://calculator.aws/#/

AWSで作れるもの

AWSは、さまざまな材料が用意されているお道具箱です。AWSを使うと、いろいろなシステムを作ることが可能です。

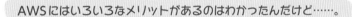

AWSにはいろいろなメリットがあるのはわかったんだけど……。

どうしたの、ヒナタちゃん。

AWSを使うと、具体的には何が作れるの？

それじゃあ、どんなものが作れるのか、いくつか紹介しておこう。

何が作れるのかな～？

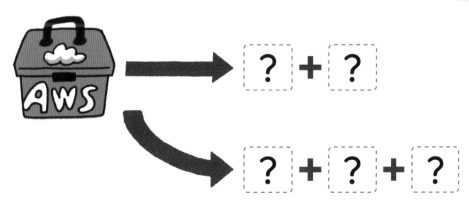

作れるものの例① Webサイト

 まずは少ないサービス数で作れるシンプルなものを紹介するよ。サービスごとの詳細を理解するというより、いろいろなものが作れるイメージを持つことがまずは重要だよ。

　小規模なWebサイトの例です。Webサイトを実行するサーバーとしてEC2、Webサイトのデータを保存するデータベースとしてRDSを使います。

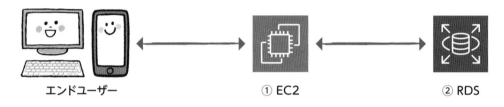

エンドユーザー　　　　　　　① EC2　　　　　② RDS

利用するAWSサービス

番号	サービス名	用途
①	EC2	何らかのプログラミング言語（JavaやPHPなど）で作成したWebサイトを動作させるサーバーとして利用
②	RDS	Webサイトのデータを管理する、データベースとして利用

 AWSでWebサイトを作る際の、とてもシンプルな構成だよ。例えば、EC2にWordPress（ワードプレス）をインストールすれば、ブログサイトとしても使えるよ。

 # 作れるものの例② 画像の加工アプリケーション

　画像を加工するアプリケーションの例です。画像を保存する場所としてS3、画像を加工するプログラムを実行するサーバーとしてLambda（ラムダ）を使います。

画像　①S3　②Lambda

プログラムを呼び出す

加工した画像を保存

アップロード

利用するAWSサービス

番号	サービス名	用途
①	S3	加工前と加工後の画像を保存する場所として利用
②	Lambda	画像を加工するプログラムを実行するサーバーとして利用

 作れるものの例③　チャットボット

　AWSを使って、例えば、自動翻訳を行うチャットボットを作ることも可能です。チャットボットとは、エンドユーザーからのメッセージに自動で応答するプログラムのことです。

メッセージアプリ　①API Gateway　②Lambda　③Translate

利用するAWSサービス

番号	サービス名	用途
①	API Gateway	メッセージアプリから呼び出すAPIの構築に利用
②	Lambda	Translateを呼び出すプログラムを実行するサーバーとして利用
③	Translate	渡されたメッセージの翻訳を行う

ECサイトや業務システムみたいに、大きなものを作るイメージがあったけど、シンプルなものも作れるんだね〜。

作れるものの例④ ECサイト

ECサイトの場合、事前にアクセス数の予測がしづらいという特徴があります。その場合は、P.42で紹介した例①に加えて自動でサーバー台数を増減する「EC2 Auto Scaling」や、増やしたサーバーに通信を分散する「Elastic Load Balancing」などを用います。

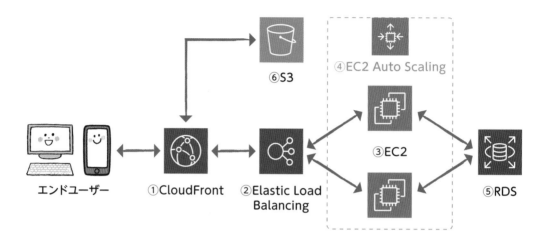

利用するAWSサービス

番号	サービス名	用途
①	CloudFront	コンテンツをキャッシュし、高速な通信を行うために利用
②	Elastic Load Balancing	通信負荷を分散する装置として利用
③	EC2	アプリケーションを動作させるサーバーとして利用
④	EC2 Auto Scaling	③を自動で増減するために利用
⑤	RDS	アプリケーションのデータを管理する、データベースとして利用
⑥	S3	Webサイトの画像を配信するために利用

 AWSのサービス、いろいろ使うんだね。

 アクセス数が多くてもダウンしないように、負荷を分散する作りになっているよ。

作れるものの例⑤ データ分析システム

　企業ではたくさんのシステムを保持しているため、それらのデータを分析して、経営やマーケティングに有効活用する例がよくあります。データの分析や保存を行うデータ分析のシステムも、AWSのサービスを使って構築できます。

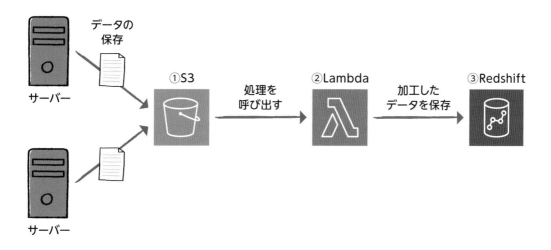

利用するAWSサービス

番号	サービス名	用途
①	S3	複数システムからのデータを保存する場所として利用
②	Lambda	データの加工プログラムを実行するサーバーとして利用
③	Redshift	加工後のデータを蓄積する場所として利用

> AWSだけでいろいろなシステムが作れそうだね〜。

> どのサービスを使うと何が作れるのかは以下のページでも検索できるよ。ほかにも知りたい場合は、参照してみるといいよ。

＜目的別 クラウド構成と料金試算例＞

https://aws.amazon.com/jp/cdp/

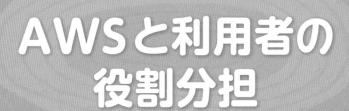

AWSと利用者の役割分担

AWSでは「責任共有モデル」という考え方が定義されています。AWSの利用の際は、必ず押さえておくべき考え方になります。

ねぇねぇ。何でも用意されているんだったら、AWSならシステムを作るのもラクチンってことだよね〜！？

実はそう簡単な話でもないんだ。AWSがなんでもかんでもやってくれるとつい思っちゃうけど、そういうわけじゃないんだ。

えっ！　そうなの？

うん。AWSを利用する人は、ある責任を持つ必要があるんだよ。

責任を持てとかいわれるとなんだか怖いよ〜。どういうことなの？

AWSが持つ責任と利用者が持つ責任がある

　AWSを使う際、なんでもかんでもAWSが行ってくれるわけではありません。AWSでは、AWS側が持つ責任と、利用者側が持つ責任を、責任共有モデルで定義しています。

　例えば、P.30で解説したリージョンやアベイラビリティゾーン、物理的なコンピュータやネットワーク機器はAWSが管理します。一方、AWSのサーバー上に利用者が載せたアプリケーションやデータ、サーバーへのアクセス管理などについては、利用者が管理する必要があります。責任共有モデルを図で示すと、次ページのようになります。AWSを利用する際は、この考え方をしっかり理解しておく必要があります。

利用者のデータ		
プラットフォーム、アプリケーション、ID とアクセス管理		
OS、ネットワーク、ファイアウォール構成		
クライアント側の データ暗号化と データ整合性認証	サーバー側の暗号化 （ファイルシステムやデータ）	ネットワークトラフィック 保護（暗号化、整合性、 アイデンティティ）

利用者
クラウド内の
セキュリティ
に対する責任

ソフトウェア			
コンピューティング	ストレージ	データベース	ネットワーキング
ハードウェア／ AWS グローバルインフラ			
リージョン	アベイラビリティゾーン		エッジロケーション

AWS
クラウドの
セキュリティ
に対する責任

出典：「AWS クラウドセキュリティ」の「責任共有モデル」より引用
URL：https://aws.amazon.com/jp/compliance/shared-responsibility-model/

　スーパーで野菜を購入したときを例に考えてみましょう。購入した直後にもかかわらず野菜が傷んでいた場合、それを販売したスーパーには責任があるといえますよね。ただし、購入した野菜を使って料理したが焦がしてしまった、という場合、それは料理をした人の責任であり、スーパーの責任ではありません。
　AWSもそれと同じであり、それぞれの責任の範囲が決まっているのです。

いわれてみたら、自分がやったことすべて、AWS が責任取ってくれるわけないよね……。

補足しておくと、AWS では上記の責任共有モデルが定義されているけど、AWS のサービスすべてが上記の責任範囲、というわけではないんだ。

どういうこと？

例えば、EC2 というサービスではOSの管理は利用者の責任範囲だけど、RDS というデータベースサービスでは、OSの管理はAWSの責任範囲なんだ。

ふーん。じゃあどのサービスだとどういう責任範囲になるかは、どう考えればいいの？

そうだねえ……。利用者が変更できる部分は利用者の責任範囲、利用者が変更できない部分はAWSの責任範囲と考えておけばいいよ。

なるほど、自分が変更できる範囲は、自分で責任を持つということね。

そうそう。

でも、責任を持ってといわれると、不安になるなあ。

だからこそ、AWSを利用する際は、各サービスの内容をしっかり理解する必要があるんだ。それを引き続きこの本で学んでいこうね。

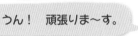

うん！　頑張りま〜す。

第2章
AWSを使い始めるには

AWSの基礎的なことは
わかったかな？

うん。ばっちり。
実際に利用してみようかな。

まずはアカウントを作成することから
始まるね。

ふむ。

そうね。
メニューが多そうだし。

あとはアクセス権限の
設定も大事だよ。

おー。
なんか大事そう！

うん。そのあたりも含めて
解説するね。

あい！

AWS の利用に必要なもの

AWS
アカウント

多要素認証

AWS を操作する方法

AWS の利用に
必要なものって
何だろう？

AWS におけるアクセス権限の管理

アクセス権限の
管理は
重要だよ〜！

AWSの利用に必要なもの

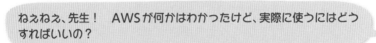

本章では、AWS を使い始めるのに必要なものや知識について学びましょう。

ねぇねぇ、先生！　AWS が何かはわかったけど、実際に使うにはどうすればいいの？

AWSを使うには「AWSアカウント」の作成が必要だよ。

Amazon.comはよく使うから、Amazonのアカウントは持っているよ！

AWSアカウントとAmazonアカウントは別物。AWSの利用にはあくまで「AWSアカウント」が必要だよ。

そうなんだ。じゃあそのAWSアカウントはどうやったら作れるの？

AWSの公式サイトから作れるよ。

でもアカウント作るのって、いろいろな入力欄があったり説明が書いてあったりして、よくわかんないからちょっと苦手。

確かに、ドキドキするよね。じゃあ、流れを紹介しておこう。

はいっ、先生っ！　お願いしますっ！

AWSアカウントとは

LESSON
08

AWSを使い始めるには、AWSアカウントが必要です。AWSアカウントは、AWSにおける身分証のようなものです。AWSアカウントの作成には、以下の情報の登録が必要です。

- メールアドレス
- 名前
- 住所
- 電話番号
- クレジットカード

> クレジットカードの登録が必要なの？ いきなり料金が発生しないか不安だなあ。

> 登録しただけじゃ何も請求されないから安心して。P.36でも紹介したけど、特に最初の1年間は、EC2などのさまざまなサービスにおいて無料利用枠があるしね。

> あ、そっか。無料利用枠があったね！ お財布の強い味方〜。

> あとAWSアカウント作成の際は、SMS認証を受け取るためのスマートフォンが必要になるよ。

> ふむふむ。

AWSを使い始める際の流れ

 この本はAWSの操作ではなく、用語やしくみを学ぶためのものだから、読み進めるにあたってAWSアカウントの作成は必要ないよ。ただ、どんな流れなのかは紹介しておくね。

はーい。

　ここからは、AWSを使い始める際に必要な3つのステップについて解説します。この3つのステップはすべて、Webブラウザを用いて行います。

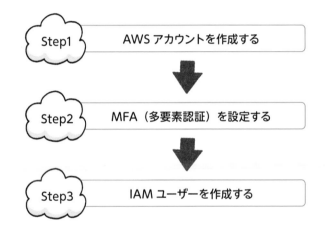

Step1　AWS アカウントを作成する

Step2　MFA（多要素認証）を設定する

Step3　IAM ユーザーを作成する

たったの3ステップなんだね！

 そうだね。AWSは、とても気軽に始められるサービスなんだよ。

Step1 AWSアカウントを作成する

AWSアカウントの作成は、以下のページから行えます。AWSアカウントを作成する際は、メールアドレスや名前、クレジットカード情報の入力が必要です。

＜AWSアカウント作成ページ＞

https://portal.aws.amazon.com/billing/signup#/start/email

AWSアカウントを作成すると、作成時に登録したメールアドレスとパスワードを使って、AWSにログインできるようになります。

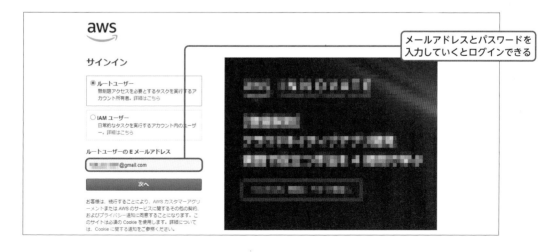

メールアドレスとパスワードを
入力していくとログインできる

Step2 MFA（多要素認証）を設定する

Chapter

2

AWSを使い始めるには

Step1でAWSアカウントを作成すると、ルートユーザーと呼ばれるユーザーが作成されます。ルートユーザーは、AWSアカウントにおけるあらゆる権限を持っているユーザーです。そこで、セキュリティの強化のために、ルートユーザーへのMFAの設定が推奨されています。

MFA（Multi-Factor Authentication：多要素認証）は、2つ以上の要素によって本人確認を行うしくみです。要素とは、以下の「知識情報」「所持情報」「生体情報」のことです。

認証の3要素

認証の要素	意味	例
知識情報	本人だけが知っていることで認証する方法	パスワード、PINコードなど
所持情報	本人だけが所持している端末や機器で認証する方法	スマートフォン、ICカードなど
生体情報	本人の生体情報で認証する方法	指紋、静脈、顔、網膜など

認証とは、アクセスしようとしているユーザーが本人かどうかを確認することなんだ。インターネット上のサービスだとパスワードだけ、つまり知識情報だけの認証が多いよね。

そうだね。

よりセキュリティを向上させるために、例えば、パスワード（知識情報）とスマートフォン（所持情報）、パスワード（知識情報）と指紋（生体情報）、のように、異なる2つ以上の要素で認証する手法が、MFA（多要素認証）なんだ。

2つ以上組み合わせることで、セキュリティが強化されるのね。

ルートユーザーが悪用されると、想定外の料金が発生するケースもあるから、MFAの設定が推奨されているんだ。

AWSの多要素認証では、認証アプリケーション、セキュリティキー、ハードウェアTOTPトークンという、3つの方法から選ぶことができます。セキュリティキー、ハードウェアTOTPトークンは専用の機器を用意する必要があるので、基本的には認証アプリケーションを選ぶとよいでしょう。

追加できる認証方法

認証方法	概要
認証アプリケーション (Authenticator app)	認証アプリ（Google Authenticator、Twilio Authy Authenticatorアプリケーションなど）をスマートフォンやコンピュータにインストールし、認証アプリに一定時間ごとに表示されるコードを入力することでログインする
セキュリティキー (Security Key)	サポートされているセキュリティデバイス（YubiKeyなど）を手でタッチすることで、生成されるコードでログインする
ハードウェアTOTPトークン (Hardware TOTP token)	MFAデバイスに表示されるコードでログインする

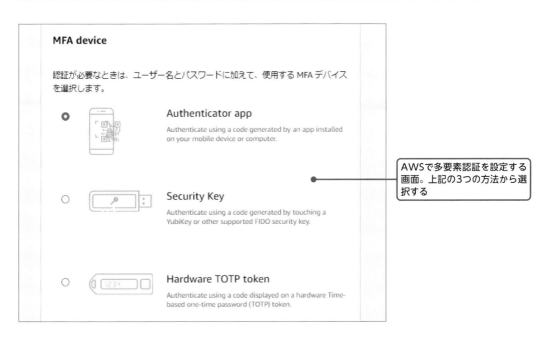

AWSで多要素認証を設定する画面。上記の3つの方法から選択する

Step3 IAMユーザーを作成する

　最後のStepは、IAMユーザー（アイアムユーザー。詳細はP.69で解説）と呼ばれるユーザーの作成です。

　AWSでは、ルートユーザーのほかに、IAMユーザーが作成できます。IAMユーザーはAWSの各種サービスを操作できるユーザーであり、AWSアカウント内に複数作成できます。IAMユーザーに許可する権限は細かく制御可能ですが、AWSアカウント自体の設定変更などの重要な操作は行えません。

ルートユーザー

・AWSアカウントにおけるあらゆる操作権限を持っている

IAMユーザー

・AWSの各種サービスを操作できる
・IAMユーザーに許可する権限は細かく制御が可能
・AWSアカウント自体の設定変更（アカウント名やメールアドレスの変更など）やアカウントの解約といった重要な操作は行えない

ユーザーに種類があるんだね。

ルートユーザーは、AWSアカウントにおけるあらゆる操作が行えるんだ。一方、IAMユーザーは、AWSアカウント自体の変更はできないけど、AWSのサービスを操作できるよ。

　ルートユーザーにしかできないことの詳細が知りたい場合は、以下のページをあわせて参照してください。

＜ルートユーザー認証情報が必要なタスク＞

https://docs.aws.amazon.com/ja_jp/IAM/latest/UserGuide/root-user-tasks.html

　AWSでは、AWSの開発や運用などの基本的な操作にはIAMユーザーを用い、ルートユーザーは用いないことが推奨されています。そのため、AWSアカウントを作成した際はIAMユーザーもあわせて作成し、AWSの開発などはIAMユーザーを用いるようにしましょう。

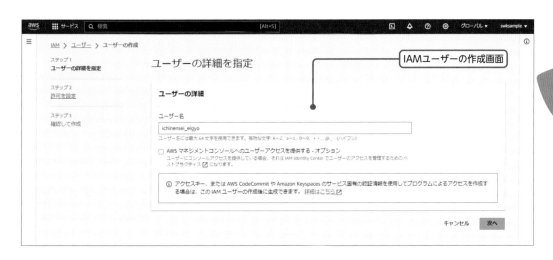

IAMユーザーの作成画面

LESSON
08

ルートユーザーは一番強い権限を持つユーザー。そのため、ルートユーザーを日頃の開発で使うことは推奨されていないんだ。ルートユーザーは、AWSアカウント自体の変更などに限って使用しよう。

パソコンの、管理者と一般ユーザーみたいな感じ？

そうそう。いい表現だね！

えへへ〜。ほめられた！

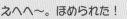

AWS公式では、IAMユーザーにもMFA設定が推奨されているから、MFAの設定をしておこう。またIAMユーザーは不要になったら作りっぱなしにしないで削除しておくことが推奨されているから、その点も押さえておこうね。

なるほど、IAMユーザーにもMFA設定が必要なのね。わかりました〜！

LESSON

09

AWSを操作する方法

AWS アカウントを作成したら、AWS が使えるようになります。AWS を操作するには、主に 2 つの方法があります。

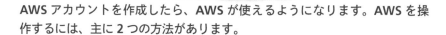

AWSの利用には、AWSアカウントの作成が必要なことはわかったけど、そのあとAWSを実際使うには、何をどうすればいいの？

AWSを操作するには、主に2つの方法があるんだ。

2つもあるの？

うん。マネジメントコンソールとAWS CLIだよ。

何それ……。

ここでは、この2つの方法について学んでいくよ〜。

 ## 操作方法① マネジメントコンソール

　マネジメントコンソールとは、WebブラウザでAWSのサービスを操作できるツールです。マネジメントコンソールは、WebブラウザでAWSへログインした際に表示されます。画面での入力やクリックなどの直観的な操作でAWSを利用できるので、初心者にとって使いやすいという特徴があります。

＜マネジメントコンソール＞

https://aws.amazon.com/jp/console/

マネジメントコンソールのホーム画面

画面で操作できるんだ〜。これなら取っつきやすいかも〜！

マネジメントコンソールでは、主に、以下のことが行えます。

- AWSアカウントやIAMユーザーの管理
- EC2やRDS、S3といった、各種AWSサービスの利用
- サービスの運用監視やログの確認
- AWSの料金や請求についての確認と管理

AWSに関するあらゆることが行えるツールが、マネジメントコンソールなんだ。

　マネジメントコンソールではAWSの各種サービスへアクセスでき、サーバーの作成や設定変更などを行えます。例えば、AWSのサービスへのアクセスは、以下のような画面で行います。

　また、第3章で解説するEC2というサービスを操作するメイン画面は、以下のような画面です。

マネジメントコンソールでAWSのサービスを操作する際、押さえておきたいポイントとして、「リージョンの選択」があります。

マネジメントコンソールでは、画面右上に選択中のリージョンが表示されています。AWSでサーバーの作成などを行う際、この選択中のリージョンにおいて作成されます。そのため、リージョンの選択が想定通りになっているのか、確認することを押さえておきましょう。

LESSON
09

AWSの操作をする場合は、ここに表示されているリージョンが想定通りか確認することが必要なんだ。ここが誤っていて、意図しないリージョンに対してサーバーを作成しちゃった、とかはありがちなミスなんだ。

わたし、それやっちゃいそうだなぁ……。

なお、表示されているリージョン名をクリックすると、リージョンを変更することが可能です。

マネジメントコンソールに関してあと押さえておきたいのは、画面のレイアウトがよく変わる点だね。

画面がよく変わるの？

うん。頻繁に変わるから、どのボタンを押せばいいのか迷うことがよくあるんだ。

そうなんだ……。

ただ、用語やAWSサービスを使う際の流れを理解しておけば、画面が変わっても、対応できるようになるんだ。そのためにも、用語と流れを理解しておくことが、AWSの勉強において重要なんだよ。

そっかあ。確かに、何となく操作しているより用語がわかっていたほうが、対応できそうだね。

そうそう。だからそのことを念頭において、このあとの学習を進めていこうね。

 ## 操作方法② AWS CLI

　AWSを操作するには、AWS CLI（シーエルアイ）を使う方法もあります。AWS CLIとは、AWSを操作するためのコマンドをまとめたものであり、自分のパソコンにインストールすることで利用できるようになります。

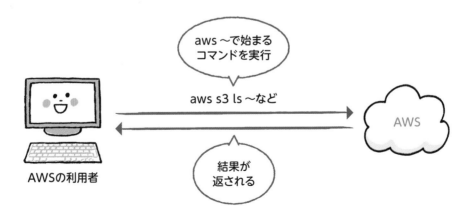

コマンドって、WindowsのコマンドプロンプトやPowerShellとかで入力するやつ？　あの黒い画面。

そうそう。コンピュータに対して命令する際に使うものだよ。

出たー！　わたしの苦手なやつ〜！！

気持ちはわかる。

使わなきゃダメなの？

そんなことないよ。ただAWS CLIを使うと、繰り返し行う操作を自動化できるんだ。だから、とてもよく使う操作があったら、AWS CLIに置き換えるのが1つの方法だよ。

ふーん。

あと、マネジメントコンソールは画面のレイアウトがよく変わるけど、AWS CLIならコマンドだから、変更に強いというメリットがあるよ。

なるほどね〜！

ただ最初は難しいから、初心者はまず、マネジメントコンソールを使うことをおすすめするよ。

 MEMO

CloudShell（クラウドシェル）

AWS CLIはマネジメントコンソール上で起動できる、CloudShellというシェル環境で実行することも可能です。これなら、Webブラウザさえあれば利用できるので、パソ

コンへのAWS CLIのインストールや認証操作をせずとも気軽に使えます。

AWSにおける
アクセス権限の管理

AWSでは権限がないユーザーは何も操作できません。ここでは、AWSにおけるアクセス権限のしくみについて学びましょう。

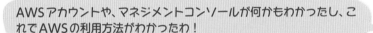

AWSアカウントや、マネジメントコンソールが何かもわかったし、これでAWSの利用方法がわかったわ！

 AWSを使うにはあと、「アクセス権限の管理」については押さえておいてほしいかな。

アクセス権限？

 うん。AWSのどのサービスを誰が操作できるのか、を管理することだよ。

なんでそんなことをする必要があるの？

 じゃあ、その点も含めて解説していこう。

よろしくお願いしま～す！

アクセス権限の管理はなぜ必要?

AWSにおけるアクセス権限の管理とは、「誰（どれ）が」「AWS上の何に対して」「どの操作ができる・できないか」を管理することです。アクセス権限を制御できるしくみがあるおかげで、例えば別チームや別部署のユーザーによる意図しない操作や設定ミス、不正アクセスによる攻撃などを防げるようになっています。

誰でもアクセスできて何でも操作できるとしたら、大変なことになるからね。

ふーん。それはそうかもしれないけど、でも権限ってとりあえず許可しておいたほうが便利なんじゃないの?

そんなことないよ。アクセス権限には基本的な考え方があるんだ。

アクセス権限の考え方〜「最小権限の原則」

どのアクセス権限を誰に付与するかの考え方として、最小権限の原則があります。最小権限の原則とは、アクセス権限の付与は必要最小限にするべきという考え方です。例えば、ただサーバーを実行できればよいユーザーには、サーバーの実行権限だけ付与し、サーバーの作成や削除の権限などは付与しません。

便利だからってたくさん権限を付与すると、意図しない操作をされる可能性が高くなるからね。

うーん、確かに。それは危険だね。

LESSON
10

AWSのユーザーとアクセス権限を管理するしくみ

AWSのユーザーとアクセス権限を管理するには、AWS Identity and Access Management（以降、IAM）というサービスを使います。略して、「アイアム」と呼びます。

Identityは「身元」、Accessはそのまま「アクセス」だから、身元とアクセスを管理するっていう、名称そのままのサービスだよ。

IAMには、IAMユーザーとIAMグループ、IAMポリシーとIAMロールという機能があり、前者で「誰（どれ）が」、後者は「どのAWSリソースに対して、どの操作ができる・できないか」を設定します。

誰（どれ）が

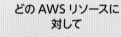
どの AWS リソースに対して

どの操作ができる・できないか

Create　Delete

Get

↓

IAM ユーザー
IAM グループ

↓

IAM ポリシー、IAM ロール

AWSリソースって何だっけ？

おっと、説明し忘れていたね。AWSリソースは、AWSの利用者が実際に操作できる対象を示す総称なんだ。例えば、EC2というサーバーサービスによってAWS上に作成されるサーバーや、S3というサービスによって作成されるフォルダとかを、すべてリソースと呼ぶよ。

IAMユーザーとIAMグループ

IAMユーザーは、AWSの各種リソースを操作できるユーザーであり、AWSアカウント内に作成されます。そのIAMユーザーをまとめる機能が、IAMグループです。

IAMグループを使うと、例えば、営業部と開発部のように、ユーザーをグループ分けすることが可能なので、グループごとにアクセス権限を管理したいケースで役立ちます。

IAMポリシー

IAMポリシーとは、どのAWSリソースに対して、どの操作ができる・できないかを設定する機能であり、IAMユーザーやIAMグループにアタッチ（取り付け）して使います。例えば、S3の「読み込み」権限をIAMユーザーに付与したい場合は、S3の「読み込み」を許可するIAMポリシーを、IAMユーザーにアタッチします。

なお、IAMポリシーはJSON形式で記述します。JSON形式（ジェイソン形式）とは、テキストベースのデータ形式であり、データを「キー：値」で表現する構造になっています。

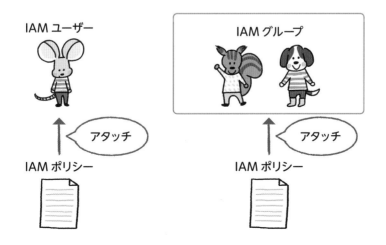

IAMロール

　IAMロールも、何ができる・できないかを設定する機能であり、IAMポリシーをまとめたものです。IAMポリシーはIAMユーザーやIAMグループにアタッチできますが、AWSのリソースに直接アタッチできません。そのため、IAMポリシーをIAMロールにアタッチして、そのIAMロールをAWSのリソースにアタッチすることで、AWSリソース間のアクセスを管理できます。

　例えば、EC2のサーバーからS3のフォルダに書き込みできるようにしたい場合、書き込み権限のIAMロールをEC2のサーバーにアタッチします。

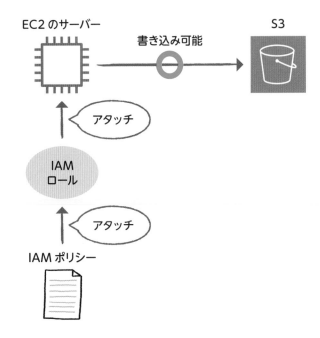

アクセス権限を管理する重要性について、理解できたかな？

うん。管理しないと危険なことが、よくわかったよ。

次の章からはいよいよ、AWSのサービスについて学んでいくよ。

やっとだ。楽しみにしているよ～！

第3章
AWSでサーバーを動かす

先生〜。
EC2とか、インスタンスって何〜？

お！いよいよ
気になることが
でてきたみたいだね。

うん。いろいろ
単語がでてきて、
整理しておきたい
なって思って！

EC2はAWS上で
サーバーを作れる
サービスのことだね。

ふむふむ。

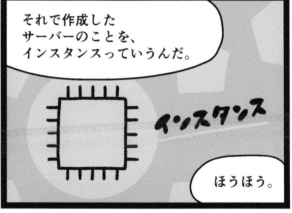

それで作成した
サーバーのことを、
インスタンスっていうんだ。

インスタンス

ほうほう。

EC2なら、画面上で必要な項目を
入力するだけで、サーバーが簡単に
作れちゃうんだ。

へー。
便利そうね。

うん。詳しく見ていこう。

了解です。

この章で学ぶこと

サーバーとは？

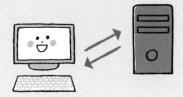

Amazon EC2
って何だろう？

Amazon EC2

EC2 を使う 5 つのステップ

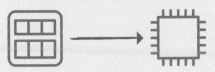

EC2 を使ったシステムの
信頼性を高める方法

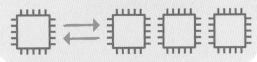

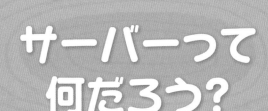

LESSON

11

サーバーって何だろう?

では、AWS の主要なサービスを順番に学んでいきましょう。まずは、AWS でサーバーが作成できる、**Amazon EC2** というサービスです。

ねえねえ、先生っ。AWS で Web アプリを作ろうと思ったらどうすればいいの?

そうだねえ。方法はいくつかあるけど、まずは Amazon EC2 というサービスでサーバーを作るところからかな。

イーシーツーでサーバーを作る? それってどういうこと……(ごにょごにょ)?

そもそもサーバーが何かは、理解できている感じかな?

うーん。用語を知ってはいるけど、わかっているのかっていわれたら、微妙な感じ……。

じゃあ、サーバーとは何かを、復習がてら解説していこうね。

 ## サーバーとは

そもそもサーバーが何かを説明していきましょう。サーバーとは、何らかのサービスを提供するもののことです。元々は、提供する人、を意味する「server」という英単語に由来します。

例えば、Webページを提供するコンピュータは「Webサーバー」、メールの送受信機能を提供するコンピュータは「メールサーバー」と呼びます。

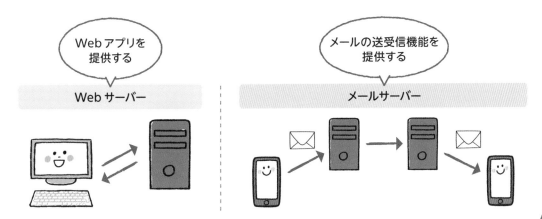

 アメリカのレストランでは、お客様の案内や食事を運ぶといったサービスを提供する人を「サーバー」というんだ。このようにサーバーは、「特定の何かを提供するもの」を意味するんだ。

ウォーターサーバーもそうだね！　なんだか、のどが渇いてきたよ～。

サーバーの構成要素

サーバー用のコンピュータは販売されていますが、それは高性能で壊れにくい部品を使っているというだけで、わたしたちが普段使用しているパソコンの構成と変わりはありません。サーバーは、ハードウェアとソフトウェアから成り立ちます。

ハードウェアは、コンピュータの物理的な機器の部分を指し、ソフトウェアは、ハードウェア上で何らかの機能を提供するプログラムを指します。

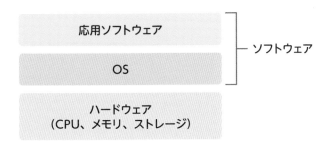

サーバーの構成要素① ハードウェア

ハードウェアは大きく分けて、CPU、メモリ、ストレージという3つの要素で構成されています。この3つを理解しておかないとAmazon EC2を使うのが難しいので、解説しておきましょう。

CPU

CPUは、中央演算装置とも呼ばれ、コンピュータの頭脳ともいわれる部品です。コンピュータに対する命令を処理したり計算したりします。CPUの性能を測る指標の1つに、コア数があります。コアとは、CPU内部の演算回路のことです。コア数が多いほど並列処理を実行できるので、処理が速くなります。

メモリ

メモリは、コンピュータに対する命令や、データを一時的に記憶する装置です。CPUはメモリと直接やりとりしながら処理を実行します。

ストレージ

ストレージとは、データを長期的に保存する装置です。メモリに保存されたデータはコンピュータの電源を落とすと消えてしまうので、コンピュータを再起動したときにも使いたいデータは、ストレージに保存します。

ストレージの種類には、HDD（ハードディスクドライブ）とSSD（ソリッドステートドライブ）があります。HDDよりSSDのほうが読み書き速度が高速、かつ料金が高いです。Amazon EC2ではHDDとSSDのどちらも用意されているので、料金を抑えたいならHDD、読み書き速度を重視したいならSSDを選ぶのがよいでしょう。

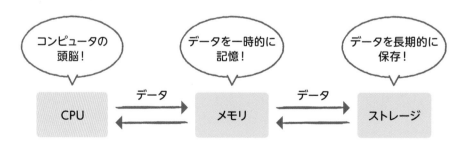

サーバーの構成要素② ソフトウェア

ハードウェア上で動作する「ソフトウェア」には、OSと呼ばれる基本ソフトウェアと、応用ソフトウェアという種類があります。

OS（基本ソフトウェア）

OSとは、ハードウェアと応用ソフトウェアの仲立ちを行うソフトウェアです。ハードウェアの資源や処理の優先順位を管理するといった、コンピュータの動作に必要な基本機能を提供します。そのため、基本ソフトウェアと呼ばれる場合もあります。OSで有名なものには、Microsoft社が開発したWindows（ウィンドウズ）や、Apple社が開発したmacOS（マックオーエス）があります。

応用ソフトウェア

応用ソフトウェアとは、特定の機能を持ったソフトウェアであり、OS上で動作するものです。例えば、表計算ソフトや文書作成ソフト、Webアプリ、スマートフォンの「アプリ」はすべて、応用ソフトウェアです。なお、P.19で触れた、OSとアプリケーションの仲立ちを行う「ミドルウェア」も、応用ソフトウェアの一種です。

LESSON
11

サーバー構築で検討が必要なこと

このようにサーバーには、ハードウェアとOS、OS上で動かす応用ソフトウェアが必要です。そのためサーバーを構築しようと思ったら、「CPU、メモリ、ストレージはどれにするのか」「OSは何にするのか」といった仕様を、目的にあわせて検討する必要があります。

サーバーを用意しようと思ったら、いろいろな検討事項が必要なんだ。AWSならすでに用意されているCPUやストレージを、組み合わせてサーバーを構築できるよ。次ページからは、AWSのサーバー作成サービスである、Amazon EC2について解説していくよ。

LESSON

12

サーバーサービス 「Amazon EC2」

それでは、**AWS** の主要なサービスを順番に学んでいきましょう。まずは、**Amazon EC2** というサービスです。

じゃあ、ここからはAmazon EC2というサービスを学んでいくよ。

やっとAWSのサービスの話ね！　楽しみだわ。

EC2はAWS上でサーバーを作れるサービスだよ。そのサーバー上にWebアプリなどを載せることができるんだ。EC2はAWSの中でも一番基礎ともいえるサービスだから、最初に勉強しておきたいところだね。

ふーん。よくわかんないけど、そのイーシーツーとやらをぜひ教えてください！

Amazon EC2とは

Amazon EC2（Amazon Elastic Compute Cloud。以降、EC2）とは、AWS上で仮想的なサーバーを作成するためのサービスです。P.19で説明した分類でいうと、IaaSにあたるサービスで、ハードウェア部分を提供します。そのため、OSやOS上に動作させるソフトウェアやアプリケーションは、利用者が管理する必要があります。

正式名称は、Amazon Elastic Compute Cloudなんだけど、長いからAmazon EC2という略語が付けられているんだ。AWSは略語があるサービスが多いよ。

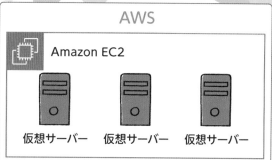

EC2を使うと、AWS上にサーバーが作れるんだね！

LESSON
12

 仮想的なサーバーって何？

　ここで、仮想的なサーバーが何かを説明しておきましょう。仮想サーバーとは、物理的なハードウェア上で動かす、仮想的なサーバーのことです。

　仮想化とは「物理的にはないものをあたかも存在しているように見せる」技術のことです。もう少し具体的にいうと、「ソフトウェアによって物理的なハードウェア構成とは異なる構成を実現する」技術です。

　仮想化技術を使うと、例えば、OSが「Windows 11」のコンピュータ上に、異なるOS（例えば、Linux）のサーバーを複数作成する、といったことが可能です。

仮想サーバー （OS:Ubuntu）	仮想サーバー （OS:Ubuntu）	仮想サーバー （OS:Ubuntu）
仮想化を行うソフトウェア		
ハードウェア （OS：Windows 11）		

OSはWindows 11で、仮想サーバーのOSはLinux（ここではディストリビューションとしてUbuntu）にするといったことが可能！

　このように、物理的なハードウェアにとらわれない構成にできるので、物理的に台数を増やさずとも複数のサーバーを調達できます。また仮想化技術によって、ネットワークを仮想化することも可能（詳細はP.165で解説）であり、AWSでは仮想ネットワークを作成する、VPCというサービスが提供されています。仮想化は、EC2だけではなく、AWS全体を支えている技術といえます。

EC2を使うメリット

EC2にはさまざまなメリットがあります。

「作って壊して」が容易

EC2は仮想サーバーなので、「作って壊して」が容易です。作って壊して、というと効率的ではないように感じるかもしれませんね。しかし、必要なときにサーバーを作成し、不要になったらすぐに削除できることは、検証用に一時的にサーバーが欲しい場合などに重宝します。また、サーバーを増設したいケースでも、EC2なら物理的なコンピュータを購入する必要がないので、すばやくサーバーが調達できます。

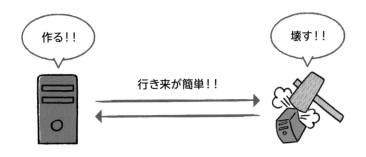

料金を最適化できる

物理的なコンピュータを購入する場合、決まった金額を最初に払う必要があります。一方、「作って壊して」が容易なEC2であれば、必要に応じたサーバーの増減がスムーズに行えます。そのため、最初に高額な購入費用をかける必要がありません。また、不要になったらサーバーは削除すればいいので、無駄な料金を抑えることが可能です。

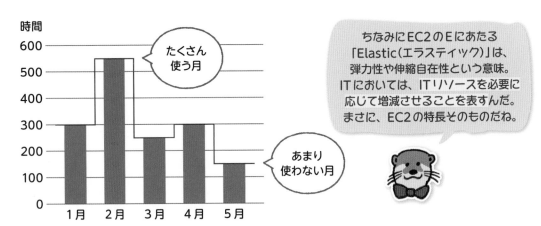

サーバーの作成手順が簡単

　本来、仮想サーバーを作ろうと思ったら、ハードウェアに仮想化を行うソフトウェアをインストールして設定して……という手順が必要です。一方、EC2はAWSのマネジメントコンソール上でボタンを数クリックするだけなので、作成が容易です。

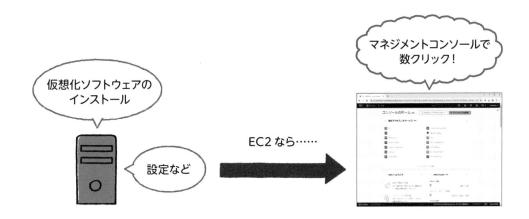

LESSON
12

用途に応じて CPU やメモリを選べる

　EC2では、CPUとメモリの組み合わせがたくさん用意されています。また、OSやストレージも柔軟に選べるので、用途に応じて、カスタマイズしたサーバーを簡単に作れます。

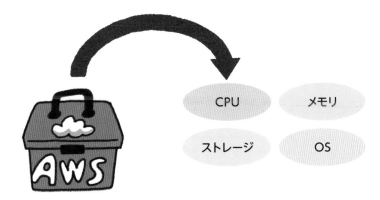

EC2は柔軟にサーバーを作れるし、手順も簡単。この点が、最大のメリットといえるよ。

へぇ〜。簡単なのは、大歓迎だよ〜！

EC2の用途

EC2は具体的に、以下のようなケースで使われます。

- **Webアプリなど何らかのアプリケーションをAWS上で動かしたい場合**
- **オンプレミスのサーバーをクラウドへ移行したい場合の移行先**

　特に、オンプレミスのサーバーで稼働していたシステムをAWSへ移行するとなった場合、構成をあまり変えずに移行したいなら、基本的にはEC2を使うことになります。

EC2はアプリケーションの実行基盤だから、載せるものによってさまざまなことが実現できるよ。

EC2があればいろいろなことができちゃうんだね！

そう！　EC2はあくまでサーバーを作るサービスだから、その上に載せるソフトウェアによっては、Webサーバーにもなるし、何らかの処理を定期的に実行する「バッチサーバー」にもなるんだ。

EC2でサーバーを作る手順

ここまで、**EC2**の概要を解説しましたね。ここからは、**EC2**でサーバーを作る手順について学びましょう。

EC2を使うと、簡単にサーバーを作れるのがわかったよ〜。

それはよかった。

でも、実際にEC2でサーバーを作るとき、一体どういう手順が必要なの？

大きく5つのステップがあるよ。1つずつ解説していこう。

はーい。よろしくお願いしま〜す！

 ## EC2でサーバーを作る5つのステップ

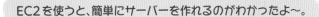

EC2で実際に起動する仮想サーバーのことを、インスタンスと呼びます。インスタンスの作成には、基本的に、次の5つのステップがあります。

 EC2ではOSや性能などを画面上で選ぶことで、サーバーを簡単に作れるんだ。その際、AWS独自の用語がたくさん出てくるから、順番に説明していこう。

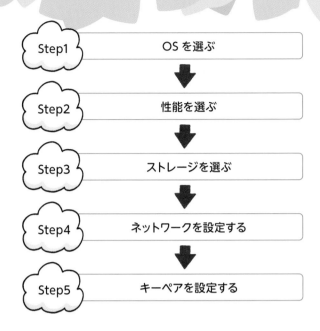

Step1	OSを選ぶ
Step2	性能を選ぶ
Step3	ストレージを選ぶ
Step4	ネットワークを設定する
Step5	キーペアを設定する

インスタンスって一体何なの？　サーバーって呼べばいいんじゃないの？

インスタンスって言葉は直感的にわかりづらいかもしれないけど、AWSを使うならよく使う用語だから、補足しておこう。インスタンスは、「実体」を意味する「instance」に由来しているんだ。

ふむふむ。

サーバーと似ている言葉なんだけど、サーバーはコンピュータそのものではなく、機能を指す場合にも使われるんだ。例えば、Webサーバーであれば、Webサイトを提供するコンピュータだけではなく、Webサイトっていう機能を指す場合もある。

じゃあインスタンスは何を指すの？

インスタンスは機能ではなく、仮想サーバーのみを指すんだ。だから、インスタンスといったら「仮想サーバーのことだな」と理解しておくといいよ。

Step1 OSを選ぶ

　EC2では、OSはAMI（エーエムアイ。Amazon Machine Imageの略）という機能で用意されています。AMIはOSとソフトウェア、設定をパッケージにしたデータであり、インスタンスのテンプレート（鋳型）のようなものです。インスタンスは、選んだAMIを基に作成されます。

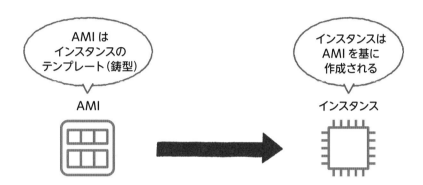

　AMIを基にインスタンスが作成される、というのはわかりにくいかもしれませんね。これは、たい焼きをイメージするとわかりやすいでしょう。たい焼きは、鋳型があり、それを基にして作りますよね。

　インスタンスもそれと似ており、鋳型であるAMIを基に作られます。

鋳型を基に作られるもので身近なものは、ネジもあるね。ネジも、鋳型からたくさん生産されるものだからね。それと似ていて、EC2では、AMIという鋳型を基に、インスタンスが作られるというわけなんだ。

たい焼きって美味しいよね〜。特にカスタードクリームのやつが好きだな〜。

LESSON
13

　AMIがあることで同じインスタンスを複数作りやすいというメリットがあります。例えばAMIには、ホームページ作成のソフトウェアである「WordPress（ワードプレス）」のAMIもあります。このAMIにはOSとWordPress、必要な設定が含まれているので、このAMIがあれば同じWordPressのインスタンスを作成できます。本来、サーバーを作ろうと思ったらOSの上に必要なソフトウェアをインストールして設定、という手順が必要です。そしてその手順をサーバーの台数分行う必要があります。

　AMIさえあれば同じインスタンスが簡単に作成できるので、複数台同じサーバーを作る手間を削減することが可能です。

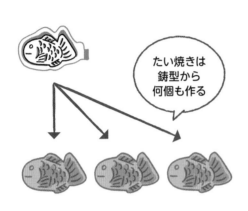

AMI

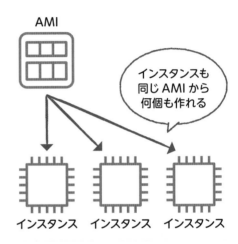

たい焼きは
鋳型から
何個も作る

インスタンスも
同じ AMI から
何個も作れる

インスタンス　インスタンス　インスタンス

サーバーの台数分、インストールして設定して……を行うのはとても時間がかかる。だから、その手間が省けるのは、うれしいポイントだね。

何度も同じことするのって面倒くさいよね〜って感じだよね！

　AMIで選べる主なOSは、次の通りです。サーバー用途で使われる代表的なOSがそろっています。

AMIで選べる主なOS

OS	概要
Amazon Linux	Amazonが独自に開発したLinux（リナックス）
macOS	Apple社が開発したOS。Macに搭載されている
Windows Server	Microsoft社が開発したWindowsのサーバー向けOS
Debian（デビアン）	オープンソースで開発されているLinux
Ubuntu（ウブントゥ）	Debianを基にして開発されたLinux。デスクトップ環境として人気
Red Hat（レッドハット）Enterprise Linux	Red Hat社が開発した、企業向けのLinux
SUSE Linux	ドイツを拠点としたSUSE社が開発した、企業向けのLinux

 MEMO

いろいろなAMIが販売されている 「マーケットプレイス」

AWSですぐに使えるソフトウェアのパッケージやAMIが販売されている、マーケットプレイス（marketplace）と呼ばれるサービスがあります。ソフトウェアが売られている市場のようなものだと考えてください。マーケットプレイスにはAmazon以外の企業が作成したAMIが販売されているので、それらを購入することで、AWS標準では用意されていない構成のインスタンスを簡単に作ることが可能です。

＜マーケットプレイス＞
https://aws.amazon.com/marketplace

Step2 性能を選ぶ

OSを選んだら次は、インスタンスタイプを選びます。インスタンスタイプとは、インスタンスの性能のことです。インスタンスタイプごとに、vCPU（コア数）とメモリ量、ネットワークのパフォーマンスなどが異なり、高性能なものは料金が高くなります。そのため、用途や目的にあわせて選ぶことが重要です。

 vCPUは、仮想的なCPUのことだけど、あまり気にせず、普通のCPUと考えて問題ないよ。

インスタンスタイプは、用途を表すインスタンスファミリー、バージョンを表す「世代」、メモリやストレージといったスペックを表すインスタンスサイズを表す文字を並べて表記されます。なお、世代は数字が大きいほど新しいので、基本的に数字が大きいものを利用しましょう。また世代には、オプションもあわせて表記されることがあります。

例えば、インスタンスタイプ「t4g.micro」は、インスタンスファミリーがt（汎用）、世代が4、インスタンスサイズがmicro（vCPUが2でメモリが1GiB。GiBはギビバイトのことで、1GiBは2の30乗バイト）であることを表します。

インスタンスタイプ

t4g.micro

インスタンス　　インスタンス　　インスタンス
ファミリー　　世代とオプション　　サイズ

左から「インスタンスファミリー」、「インスタンスの世代とオプション」「インスタンスサイズ」を表すよ。

インスタンスタイプの表記の見方がわかっていると、AWSの画面での表記がわかるようになるよ。

表記を見れば、インスタンスタイプの種類がわかるのね。

インスタンスファミリーは、用途ごとに以下のように分けられています。

主なインスタンスファミリー

用途	インスタンスファミリー
汎用	T、M
コンピューティング最適化	C
メモリ最適化	R
高速コンピューティング	G
ストレージ最適化	I

LESSON
13

例えば、「T4G」系のインスタンスには、以下のインスタンスタイプがあります。

「T4G」系のインスタンスタイプ

インスタンスタイプ	vCPU	メモリ (GiB)
t4g.nano	2	0.5
t4g.micro	2	1
t4g.small	2	2
t4g.medium	2	4
t4g.large	2	8
t4g.xlarge	4	16
t4g.2xlarge	8	32

インスタンスタイプって、たくさん種類があるんだね!

インスタンスタイプによって、vCPUのコア数とメモリが違うことがわかるね。このように、EC2では、AMIとインスタンスタイプを選択することで、インスタンスのOSと性能のカスタマイズが簡単にできるんだ。

ふーん。確かに、自分でお店に行って購入する必要がないのは、便利そう。

Step3 ストレージを選ぶ

Step1でOS、Step2で性能を選んだあとは、ストレージを選びます。

EC2では、インスタンスのデータを長期的に保存するためのストレージとして、Amazon EBS（Elastic Block Store）を使います。EBSは、インスタンスにアタッチして利用します。

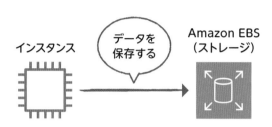

「Elastic」って単語、EC2の「E」と同じだね！

EBSではストレージの種類（ボリュームタイプ）が複数あるので、用途や目的に応じて選ぶ必要があります。

ボリュームタイプ

ボリュームタイプ	概要	ストレージ
汎用	一般的な用途	SSD
プロビジョンドIOPS	低レイテンシが求められるケース用。高いIOPSを提供	SSD
スループット最適化	高頻度アクセスが求められるケース用。高いスループットを提供	HDD
Cold（コールド）	低コストが求められるケース用。最も料金が低い	HDD

MEMO
ストレージの性能を表す「IOPS」

IOPS（Input/Output Per Second）とは、1秒間に読み書きできる回数のことであり、ストレージの性能指標の1つです。アイオーピーエス、または、アイオプスと読みます。IOPS が高いストレージは、読み書きが高速にできることを表します。

ここまでで、OSと性能、ストレージを選んだから、サーバーの基本的な要素はそろったよ。このあとは、そのサーバーに接続するためのネットワークについて見ていこう。

お、とりあえずひと段落ね。おやつ食べちゃお〜っと。

何を食べるの？

さっき話題に出て食べたくなっちゃったから、たい焼きかな〜。

Step4 ネットワークを設定する

　ここまででサーバーの基本要素はそろいました。ただし、サーバーにアクセスするには、サーバーがネットワークに接続している必要がありますね。AWSではリージョンごとにデフォルトのネットワーク（デフォルトVPC）が自動で作成されています。そのため特定のネットワークに接続させたいといったケースではなく、ひとまずインスタンスを作成してみたい場合はそのままの設定でOKです。またネットワークはVPCというサービスが提供していますが、詳細はP.163で説明します。

　ここでは、VPCのセキュリティグループに関してのみ解説しておきましょう。セキュリティグループは、EC2で利用できる仮想的なファイアウォールです。

　ファイアウォール（FireWall）とは、防火壁という意味の英単語であり、サーバーに対する通信を制御する機能のことです。エンドユーザーとサーバーの間に設置することで、社外のユーザーや、悪意のあるユーザーからのアクセスを防げます。

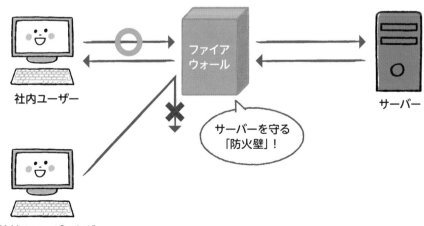

社内ユーザー　　ファイアウォール　　サーバー

サーバーを守る「防火壁」！

社外のユーザーなど

ファイアウォールは、サーバーのアクセス制御に欠かせないしくみだよ。

　インスタンスに、仮想的なファイアウォールである「セキュリティグループ」を設定することで、インスタンスへの通信（インバウンド）と、インスタンスからの通信（アウトバウンド）を制御できます。

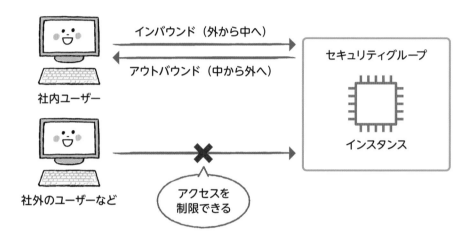

最近だと、日本に訪れる外国人観光客のことをインバウンドっていうよね。インバウンドって元々は「外から中へ入る」という意味なんだ。通信においても、インバウンドは外から中（インスタンス）へ入る通信のことを指すよ。アウトバウンドはその逆ね。

インバウンドって元々はそういう意味だったんだ。知らずに使ってたよ～！

　サーバーと一口にいっても、インターネット上に公開したいサーバーもあれば、特定のユーザーしか接続できないように隠したいサーバーもあります。セキュリティグループは、そういった場合の通信制御に使用します。
　セキュリティグループのインバウンドにおける設定項目は、タイプ、プロトコル、ポート、ソース（送信元IP）です。タイプとプロトコル、ポートで通信の種類、ソースで通信の送信元を制御します。
　次の例は、SSHプロトコルで、特定のIPアドレス（192.168.1.180）からの接続を許可する設定です。なお、SSHプロトコルは、LinuxやmacOSのサーバーへ接続する際によく使われるプロトコルです。

セキュリティグループでの設定例（SSH）

タイプ	プロトコル	ポート	ソース（送信元IP）
SSH	TCP	22	192.168.1.180/24

　また以下の例は、HTTPプロトコルで、どこからでも接続できるようにする設定です。「0.0.0.0/0」とは、「すべてのIPアドレス」を意味します。

セキュリティグループでの設定例（HTTP）

タイプ	プロトコル	ポート	ソース（送信元IP）
HTTP	TCP	80	0.0.0.0/0

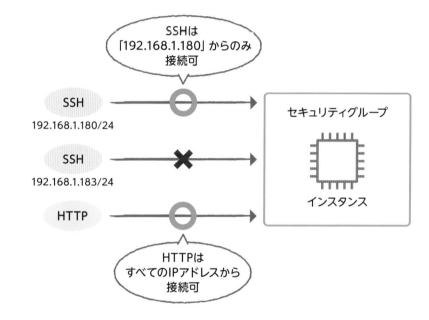

上記の設定だと、SSHは「192.168.1.180/24」からのみ接続可能、HTTPはどこからでも接続可能、になるよ。

なるほどね。だけど、インスタンスを作るときにそこまで考えられるかなあ……。

インスタンス作成後でも設定できるから、とりあえずデフォルトの設定で作ってOKだよ。

Step5 キーペアを設定する

Linux系のOSやmacOSを選んだ場合、通常、インスタンスへはSSHというプロトコルを使って接続します。その際、インスタンスに誰でも接続できてしまうと困るので、キーペア（key pair）という機能を使って認証します。

キーペアは、2つの鍵（公開鍵と秘密鍵）のセットです。公開鍵とは、誰にでも公開してよい鍵のことであり、インスタンス内に保管されます。一方、秘密鍵は第三者に公開しない鍵のことであり、インスタンスへ接続するクライアント側に配置します。公開鍵に対応した組み合わせである、秘密鍵を持っている人であれば、インスタンスに接続できるというしくみです。

なお、秘密鍵は再発行できないので、失くさないよう注意しましょう。

以上が、インスタンスの設定項目だよ。

いろいろあるんだね〜。ちょっと疲れちゃった。

**MEMO** ## Windows Serverへ接続する場合

Windows Serverのインスタンスへ接続するには、通常、リモートデスクトップ機能を使います。リモートデスクトップ接続ではパスワードが必要です。パスワードを取得するには、キーペアの秘密鍵を AWS へアップロードする、という手順を踏みます。

EC2の利用料金

　EC2の利用では基本的に、サーバーを起動している時間に応じて料金が発生します。その料金は、選択したインスタンスタイプによって変わります。ただし、P.38で述べたように、EC2では通常の「オンデマンド」だけではなく、単発的な利用に最適な「スポットインスタンス」や、1年または3年の利用を予約することで割引になる、「リザーブドインスタンス」「Savings Plans」という料金オプションがあります。そのため、どのぐらい利用するかを事前に検討し、プランニングするといいでしょう。

　それに加えて、EC2には、IPアドレスを固定する「Elastic IPアドレス」（詳細はP.99で解説）などのオプションもあるので、追加するオプションによっても、料金は変わってきます。

LESSON
13

だから学習目的で、EC2を使ってサーバーを作った場合、使わないときは停止しておくようにしようね。

そうなんだ！　わかりました〜。

LESSON

14

インスタンスの
さまざまな状態

作成したインスタンスには、実行や停止などの状態があります。ここでは、その状態について学びましょう。

 ここまでで、インスタンスを作成する流れがわかったね。

手順がたくさんあったね。

 そうだね。ただ、慣れるとそんなに大変でもないよ。

ふーん。そんなものかなあ。

 インスタンスは作成直後は「実行中」という状態になるんだ。ここでは、インスタンスの状態について学んでいこう。

インスタンスにはいくつかの状態がある

インスタンスにはいくつかの状態があります。これをインスタンスのライフサイクルと呼びます。ITにおけるライフサイクル（life cycle）とは、ソフトウェアが生まれてから死ぬ（廃棄される）までの一連の流れのことを指します。

 ライフサイクルは、ソフトウェアの一生みたいなことだよ。

EC2のインスタンスの主な状態は「実行」「停止」「終了」です。本当はもっとたくさんあるのですが、細かくなりすぎてしまうので、本書では割愛します。

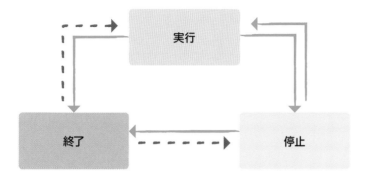

インスタンスの主な状態

状態	概要
実行	インスタンスを実行している状態
停止	インスタンスを停止している状態。再度実行状態にすることが可能
終了	インスタンスが削除された状態。再度実行状態にすることは不可能

LESSON
14

P.95でもいったけど、基本的には、インスタンスを実行している時間に応じて料金は発生するから、要注意ね。

了解です！

なお、ライフサイクルについて、詳細が知りたい場合は、以下のページを参照してみましょう。

＜インスタンスのライフサイクル＞

https://docs.aws.amazon.com/ja_jp/AWSEC2/latest/UserGuide/ec2-instance-lifecycle.html

ちなみに、インスタンスは一度削除してしまうと、そのインスタンスは復旧できないんだ。だから、インスタンスの削除は慎重にやろうね。

えーっ！　わたし、おっちょこちょいだから、そういわれると不安になるよ……。

EC2には、インスタンスを誤って削除することを防げる終了保護という機能があるよ。だから、削除したくないインスタンスでは使うといいよ。

ふーん。

また、インスタンスが誤って停止することを防げる停止保護という機能もあるから、停止すると困るインスタンスには使ってみるといいよ。

それなら安心ね〜。

EC2の重要オプション ～Elastic IP アドレス

EC2 では、Elastic IP アドレスというオプションがよく使われます。ここでは、Elastic IP アドレスについて学びましょう。

ここまでで、EC2でインスタンスを作る流れを学んだね。

そうだね。

あと、インスタンスを使う際に押さえておきたいオプションがあるので紹介しよう。Elastic IPアドレスっていうよ。

え、えらすてぃっくあいぴーあどれす？　何それ？

Elastic IPアドレスとは

Elastic IPアドレスとは、インスタンスに割り当てできるIPアドレスの一種です。IPアドレスとは、通信機器に割り振られる番号であり、別の機器と通信する際に用いられるしくみです。

Elastic IPアドレスの詳細を説明する前に、IPアドレスとは何かを学んでおく必要があるよ。だから順番に解説していこう。

通信機器の住所〜IPアドレス

コンピュータのネットワークにおいて、どのコンピュータあての通信なのかという通信の宛先は、IPアドレスによって識別されます。IPアドレスは、IPv4（アイピーブイフォー）とIPv6（アイピーブイシックス）という種類があり、現在主流のIPv4では、0〜255までの数を「.（ドット）」で区切って4つ並べた形式になります。

IPアドレスがあるおかげで、離れたコンピュータとも通信できるしくみになっています。

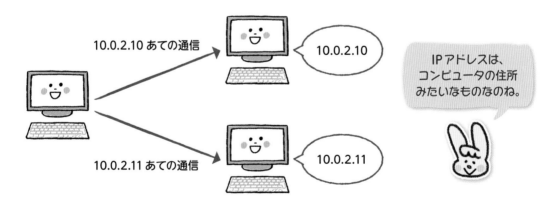

IPアドレスはコンピュータの住所を表すものなので、インターネット上で一意の番号である必要があります。IPv4では2の32乗個のIPアドレスしか用意できないので、世界中の人がインターネットを使うには数が足りません。このことから今、IPアドレスの枯渇が課題となっています。

対策としては、家庭内や社内などのローカルなネットワークではそのネットワーク内だけで利用できるプライベートIPアドレスを使い、インターネット接続時には一意のIPアドレスであるグローバルIPアドレスに変換する、というしくみが使われています。

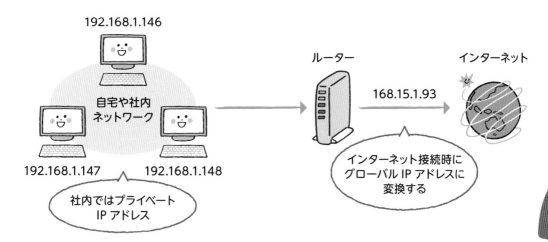

グローバルIPアドレスは外線番号、プライベートIPアドレスは内線番号だと考えるとわかりやすいよ。こうすることで、コンピュータの台数分、グローバルIPアドレスを用意する必要がなくなるんだ。

複数のコンピュータで、1つのグローバルIPアドレスを共有するってこと？

そうそう。こうすることで、グローバルIPアドレスの数を節約しているんだよ。

MEMO **IPアドレスの枯渇問題！**

グローバルIPアドレスとプライベートIPアドレスというしくみを持ってしてでも、依然として、IPアドレスの枯渇は課題となっています。それを解決するのが、2の128乗個ものIPアドレスが作成できるIPv6です。AWSでは多くのサービスでIPv6に対応していますが、本書ではIPv4で説明していきます。

LESSON
15

インスタンスで使えるIPアドレス

EC2のインスタンスに割り当てできるIPアドレスには、以下のような種類があります。

インスタンスに割り当てできるIPアドレス

IPアドレスの種類	概要
プライベートIPアドレス	同じVPCネットワークのインスタンス間における通信で使う。インターネットからの接続ができない
パブリックIPアドレス	インターネットからの接続ができる。IPアドレスの値は可変。2024年2月から有料
Elastic IPアドレス	インターネットからの接続ができる。IPアドレスの値は固定。Elastic IPアドレスは、そのIPアドレスを関連付けたインスタンスが実行中であれば無料だったが、2024年2月からはインスタンスが実行中であっても有料

パブリックIPアドレスとElastic IPアドレスが、前ページでいうグローバルIPアドレスに該当するものだよ。

インターネット経由でインスタンスと通信するには、インスタンスにパブリックIPアドレスか、Elastic IPアドレスが割り当てられている必要があります。

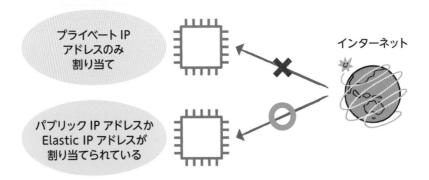

パブリックIPアドレスの場合、インスタンスを再起動した場合に異なるIPアドレスが割り当てられます。つまり、パブリックIPアドレスだと、インスタンスを再起動するとIPアドレスが変わるので、元々のIPアドレスでは接続できません。

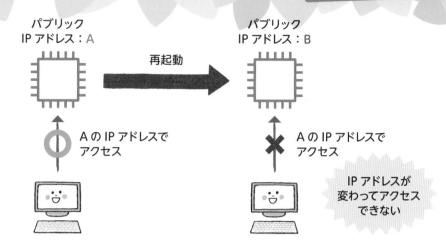

パブリック
IP アドレス：A

再起動

パブリック
IP アドレス：B

A の IP アドレスで
アクセス

A の IP アドレスで
アクセス

IP アドレスが
変わってアクセス
できない

　外部からの接続が多いサーバーの場合に毎回IPアドレスが変わると、困ってしまいますね。そこで、Elastic IPアドレスです。

　Elastic IPアドレスは、固定のIPアドレスを提供するAWSの機能です。インスタンスを再起動したり停止したりしても変わりません。常に同じIPアドレスで接続可能です。

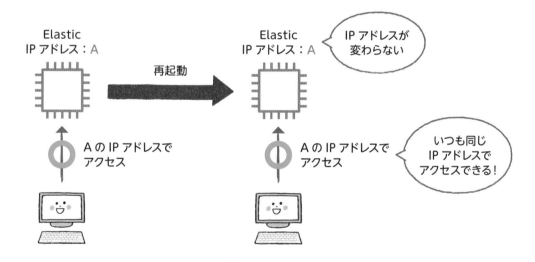

Elastic
IP アドレス：A

再起動

Elastic
IP アドレス：A

IP アドレスが
変わらない

A の IP アドレスで
アクセス

A の IP アドレスで
アクセス

いつも同じ
IP アドレスで
アクセスできる！

外部からの通信を受け付けるインスタンスでは、Elastic IPアドレスは必須ともいえるオプションなんだ。

確かに、毎回IPアドレスが変わるのは困るもんね。

LESSON
16

システムの信頼性の向上

システムの信頼性を高めるとは、どういうことなのかを学んでいきましょう。

 EC2でサーバーを作る手順は理解できたかな。

5つのステップがあることはわかったよ〜。

 ただ、サーバーを実際運用するとなると、信頼性を考慮する必要があるんだ。

先生はわたしのことが信頼できないってこと！？

 そうじゃないよ。実際の運用では、システムの信頼性を考える必要があるってことだよ。

うーん？　システムの信頼性って一体何なの？

 じゃあ、システムの信頼性とは何かについて見ていこう。

システムの「信頼性」って何?

　サーバーへのアクセス数がサーバーが持つ処理能力を超えてしまうと、レスポンスが急激に遅くなったり、最悪な場合、サーバーダウンしたりすることがあります。また、サーバー自体の部品や電源が故障する可能性もあるでしょう。サーバーダウンが発生した場合、例えばECサイトなら、その間はエンドユーザーが商品を購入することができなくなります。これは、ビジネスにおいては機会損失につながります。

　そのため、システムの本番環境では、システムが正常に動作する能力（信頼性）を確保するとりくみが必要です。

LESSON
16

常に性能が高くて、100%故障しないサーバーなんてありえないからねぇ。開発や検証で使うサーバーならいいけど、本番環境では、信頼性をどう高めるかを検討することが必要なんだ。

確かに、100%故障しない、のはありえないよね……。わたしも、しょっちゅういろいろなことに失敗しているもの。

特に、オンラインショッピングのサイトや交通系のシステムといった、エンドユーザー数が多かったり、社会への影響が大きかったりするシステムを運用する場合は、重要になるよ。

ネットショッピングできなくなっちゃうなんて困っちゃうよ！

それこそ、まさに機会損失だね。でも、そんなにネットショッピングしているの？

うん！　よくするよ〜。髪飾りとかつい買っちゃう。

ちなみに信頼性という言葉は、AWSの公式ドキュメントでもよく出てくる用語だから、覚えておくといいよ。

信頼性を高める方法

では、信頼性を高めるにはどのような方法があるのでしょうか。ここでは、Webシステムの信頼性を高める手法を考えてみましょう。例えば、勤怠管理や経費精算などの社内システムであれば、使う人が社内に限定されているので、毎日どのぐらいのアクセスになるのか、見込みが立てやすいです。この場合は、予測したアクセス数を基に、EC2のインスタンスタイプを選ぶことで、サーバーの負荷によるシステムダウンを防止できます。

一方、ECサイトのような不特定多数の人が使うWebシステムでは、アクセス数がどのぐらいになりそうか、予測が立てづらいことが多いです。そこで、エンドユーザー数やアクセス数の予測が立てづらいシステムでは、サーバー負荷に応じてサーバー数を増減するスケーリングを行うことがよくあります。

スケーリングって何？

スケーリングとは、エンドユーザー数や負荷に応じて、サーバーの台数を増減することです。サーバー台数を増やすことをスケールアウトと呼び、サーバー台数を減らすことをスケールインと呼びます。

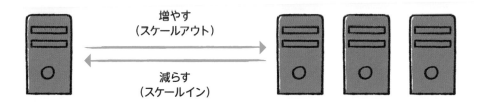

増やす
（スケールアウト）

減らす
（スケールイン）

暇なときは1人でやって、忙しいときは人手を増やす……みたいなイメージだよ。

繁忙期だけ雇う人を増やす、みたいな？

そうそう、そんな感じだよ。では、スケーリングを行うAWSのサービスについて見ていくよ。

インスタンスのスケーリングを行うサービス

EC2インスタンスのスケーリングを行うには、AWSのサービスであるAmazon EC2 Auto Scaling（オートスケーリング）を使います。EC2上で実行するシステムの信頼性を向上させることが可能です。

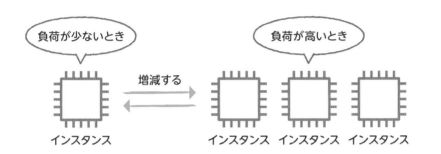

> 増えたり減ったりするんだね。

Auto Scalingを使うには、Auto Scalingグループという、インスタンスをまとめる単位を作成します。Auto Scalingグループでは、インスタンスの台数（希望数、最小数、最大数）やスケーリングポリシーなどを設定します。スケーリングポリシーは、スケーリングの種類のことで、手動スケーリングなのか、CPU使用率などによってスケーリングさせる「自動スケーリング」なのかといった条件を設定できます。

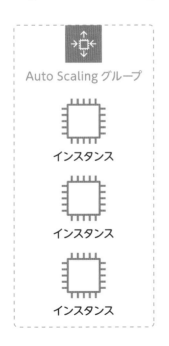

> Auto Scalingグループには、インスタンスの台数（希望数、最小数、最大数）やスケーリングポリシーなどを設定するんだ。

LESSON
16

また、Auto Scalingには、インスタンスの状態をチェックするヘルスチェックという機能があります。ヘルスチェックにより、障害が発生したインスタンスは切り離され、新たなインスタンスが起動されるので、インスタンス数を維持することが可能です。これは、システムの信頼性の向上につながります。

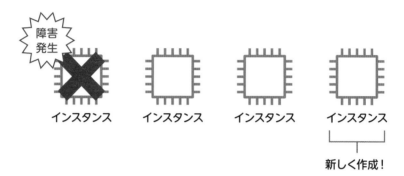

障害
発生

インスタンス　インスタンス　インスタンス　インスタンス

新しく作成！

Auto Scalingは、EC2上で動かしているシステムの信頼性を向上させるために、よく使われるサービスだよ。

Auto Scalingって「自動スケーリング」って意味かあ。まさに名称がサービスを表しているね。

ただ、Auto Scalingを使う際、気を付けたい点があるよ。

どんなこと？

Auto Scalingにしたら当然、そのインスタンス分、料金は上がるってことだよ。だから、リザーブドインスタンスやSavings Plans（P.38参照）をうまく使って節約したいね。

ふむふむ。

あとは、EC2上で動かすアプリケーションを、スケーリングしても問題ないように作っておかないといけないんだ。だから、Auto Scalingを使うかどうかは、システムを設計する際によく検討する必要があるよ。

複数のインスタンスに負荷を分散させる方法

Auto Scalingで増やしたインスタンスそれぞれに通信を分散させるには、Elastic Load Balancing（以降、ELB）というAWSサービスを使います。

ここでもElasticっていう英単語が出てきた！　多いねえ。

ほんとにね。

ELBは、負荷分散装置（ロードバランサー）を提供します。例えば次のように、Auto Scalingとあわせて設定することで、複数のインスタンスへ通信を振り分けます。この設定により特定のインスタンスのみに負荷がかかってしまうケースを避けられます。このように、ELBの利用も、システムの信頼性の向上につながります。

LESSON
16

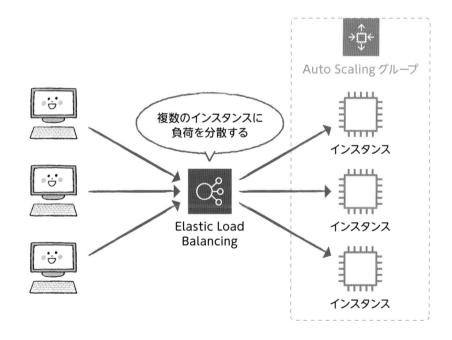

実際にシステムを運用するとなったら、信頼性を考慮しないといけないし、結構大変そうだねえ……。

そうだねえ。でも、AWSならスケーリングも負荷分散もサービスとして提供されているから、オンプレミスで作るよりは運用負荷を軽減できるケースが多いと思うよ。

だからAWSって広く使われているんだね。改めてわかったよ〜。

次の章からは、AWSにデータを保存する際に使うサービスについて学んでいくよ！

せんせい。
AWSにデータベースのサービスはないの？

Amazon RDS
というサービスがあるよ。

お！そうなんだ。

Amazon RDSは、
Webアプリなどでよく使われる、
リレーショナルデータベースっていう
種類のデータベースなんだ。

Amazon RDS

おお、本格的だ！

あとAmazon S3という
ストレージサービスもあるよ。

便利ねぇ。

それぞれ詳しく見ていこう！

らじゃー。

この章で学ぶこと

データベースとは

データベース

- 会員情報
- 配送情報
- 注文情報
  :

AWS のデータベースサービス

Amazon RDS

機能がたくさんあるから、順番に解説していくよ。

AWS のストレージサービス

Amazon S3

LESSON

17

データベースの
基礎知識

AWSにデータを保存するには主に、データベースサービスかストレージサービスを使います。まずは、データベースが何かから学んでいきましょう。

Webアプリを動作させるのに必要なサーバーを、EC2で用意するのはわかったわ。で、これだけでWebアプリは動くの？

 次は、Webアプリの操作によって作成されるデータを、保存する場所が必要だよ。

データって例えばどんなの？

 例えばECサイトなら、どのお客さんがいつどんな商品を注文したのか、料金はいくらなのか、などをどこかに保存しておく必要があるでしょ？

いわれてみると確かに……。そういうデータはどこかに取っておく必要があるよね。

 そうそう。そのデータを保存するためのサービスがAWSにも用意されているんだ。

じゃあそのAWSサービスはどれなのか、教えてくださ～い。

 その前に、データを保存する「データベース」について学んでおこう。

データベースって何だろう?

　ECサイトや企業の業務システムなどが扱うデータは、基本的に、データベースに保存します。データベースとは、あるルールに則って保存されたデータの集まりのことです。例えば、ECサイトの注文データは、「注文者名」「注文日時」「選んだ商品」「合計」など、いつも決まった内容になりますね。このように、ある形式に沿ったデータを保存したものがデータベースです。

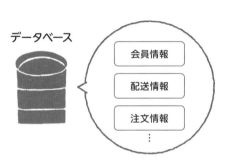

企業が持っているデータはとにかく膨大だから、そのデータを「データベース」として管理する必要があるんだ。

LESSON
17

 # データベースを実際に操作する「DBMS」

　データベースを実際に構築するには、DBMS（DataBase Management System。データベース管理システム）と呼ばれるソフトウェアを使います。

　DBMSには、MySQL（マイエスキューエル）やPostgreSQL（ポスグレエスキューエル）、Oracle（オラクル）などの種類があります（P.124参照）。AWSのデータベースサービスである「Amazon RDS」では、用意されているDBMSから好きなものを選べるようになっています。

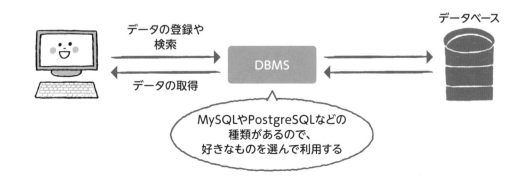

データベースの種類〜リレーショナルデータベース

AWSでは、データベースサービスがたくさん用意されている。その
サービスの違いを理解するには、データベースの種類を把握しておく
必要があるよ。

　データベースをデータの表現形式で分類すると、リレーショナルデータベースとNoSQL
（ノーエスキューエル）の2種類があります。

　リレーショナルデータベースとは、表形式でデータを保持するデータベースのことで
す。表形式とは、横方向の行と縦方向の列の組み合わせで表現するデータ形式です。表計
算ソフトであるExcelで表現できるデータ、とイメージするとわかりやすいでしょう。ECサ
イトや業務システムなど、多くのシステムで使われるデータ形式です。

　リレーショナルデータベースでは、表と表の関連（リレーション）を定義できるという
特徴があります。

リレーショナルデータベース

注文情報テーブル

注文 ID	購入日付	会員 ID	商品 ID
23090010	20230917	K010001	3X29876
23090011	20230917	K020301	AZ23456
23090012	20230918	K020002	BQ02938
23090013	20230919	K010020	WS30498

行

列

表と表の関連
（リレーション）を
定義できる

会員情報テーブル

会員 ID	氏名	住所
K010001	田中太郎	東京都練馬区
K020301	佐藤りえ	神奈川県横浜市
K020002	沢村花	埼玉県越谷市
K010020	鈴木翔太	神奈川県鎌倉市

　また、データの操作には、SQL（エスキューエル）と呼ばれる言語を使います。

表と表の関連（リレーション）を定義できるから「リレーショナルデー
タベース」っていうんだよ。

データベースの種類～NoSQL

　NoSQLとは、リレーショナルデータベース以外のデータベースを指す総称です。NoSQLは特定のデータ形式を指すものではなく、例えばキーバリューストア型やドキュメント型などの種類があります。

　異なる構造のデータを混在して保存できるので、リレーショナルデータベースより柔軟性や拡張性が高いという特徴があります。

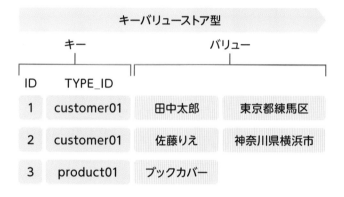

NoSQL

キーバリューストア型

キー		バリュー	
ID	TYPE_ID		
1	customer01	田中太郎	東京都練馬区
2	customer01	佐藤りえ	神奈川県横浜市
3	product01	ブックカバー	

データを一意に識別する「キー」と
それに紐付ける「バリュー（値）」の組み合わせで
データを保持する形式

ドキュメント型

```
{
  name：田中太郎
  address：東京都練馬区
}
{
  name：佐藤りえ
  address：神奈川県横浜市
}
```

JSON のような形式で
データを保持する形式

LESSON
17

NoSQLは「No SQL」ではなく、「Not Only SQL（SQLだけではない）」の略なんだ。だから、SQLを使わないという意味ではないんだよ。SQLっぽいものを使うNoSQLもあるしね。だから、リレーショナルデータベース以外はNoSQLと理解しておくといいよ。

なんか、名前が紛らわしいよ……！

確かにね。

AWSのデータベースサービス

AWSでは、リレーショナルデータベースとNoSQLデータベース、どちらのサービスも提供されています。本書では、リレーショナルデータベースのサービスである、RDSとAuroraについて解説します。

リレーショナルデータベース	NoSQL	
	キーバリューストア型	ドキュメント型

RDS

DynamoDB

DocumentDB
(with MongoDB compatibility)

グラフ型

時系列型

Aurora

Neptune

Timestream

ほんとだ。一口にデータベースといっても、いろいろな種類が用意されているんだね。

そうそう。だから、リレーショナルデータベースとNoSQLが何かを押さえておくことが、AWSのデータベースサービスを理解するのに必要なんだ。

データベースサービス「Amazon RDS」

AWS 上でリレーショナルデータベースを構築できる、**Amazon RDS** という
サービスについて解説します。

じゃあ、ここからはAmazon RDSというデータベースサービスを学んでいくよ。Amazon RDSはリレーショナルデータベースだよ。

リレーショナルデータベースは、表形式でデータを保存できるデータベースよね。

そうそう。基本的にECサイトや業務システムみたいに、データの更新が頻繁な場合、リレーショナルデータベースを使うんだ。だから、Amazon RDSは、EC2と組み合わせてよく使われるよ。

よく使うんだ。それならぜひ教えてくださ～い。

Amazon RDSとは

　Amazon RDS（Amazon Relational Database Service。以降、RDS）とは、AWS上でリレーショナルデータベースを構築できるサービスです。RDSの一番の特徴は、マネージドサービス（P.26参照）であることです。OSの保守（セキュリティアップデートの反映など）やDBMSの保守はAWS側が実施してくれるので、運用負荷を軽減できます。RDSでは、DBMSは、Amazon Aurora、MySQL、Oracleなどの計8種類から、好きなものを選択して利用します。

　また、RDSはセットアップが容易です。マネジメントコンソールなら数クリックするだ

けで、AWS上でデータベースサーバーを構築できます。

マネジメント
コンソールで
数クリック

作成

RDS のインスタンス

AWS上のリレーショナルデータベースサービスだから、RDS
（Relational Database Service）っていうんだ。わかりやすい名
前だね。

RDSの用途

　RDSはマネージドサービスなので、セットアップや運用の負荷を軽減できます。そのた
め、AWS上でリレーショナルデータベースを構築したい場合は、まず候補になるサービス
です。

　リレーショナルデータベースなので、ログファイルやバックアップデータの保存などで
はなく、挿入や更新など、データの操作を頻繁に行うデータ（トランザクションデータ）
を管理したい場合に使います。例えば、以下のようなケースです。

- **EC**サイトの購入履歴や会員情報を保存する
- 銀行の入出金データを保存する
- 企業の基幹システムのデータ（人事や見積もり、経理などの情報）を保存する

RDSはリレーショナルデータベースだから、日々頻繁に更新がある
データを保存するのに使うってイメージだよ。

ネットショッピングができるWebサイトとか、まさにそうだね。ネッ
トショッピングってついしちゃうよね〜。

EC2とRDSはどっちを使えばいいの？

でも先生、データベースを作りたいんだったら、EC2を使ってもできるんじゃないの……？

するどい質問だね！　その通りで、EC2を使ってもできるんだ。

えっへん！　そうなの、わたしするどいのよ！　でも、じゃあどっちを使えばいいのかなあ？

　AWS上でデータベースを構築したい場合、RDSではなく、EC2（P.78参照）のインスタンス上に自分で、MySQLやOracleなどのDBMSをインストールするという方法もあります。では、どちらを選べばよいのでしょうか？

　RDSはマネージドサービスなので、可能な限りRDSを使用したほうが運用負荷を軽減でき、アプリケーションの開発そのものに注力できます。

　一方、マネージドサービスだからこそのデメリットもあります。例えば、RDSには、OSにログインできない・DBMSを決まった種類とバージョンからしか選べないといった制限事項があります。そのため、運用負荷を軽減したいならRDS、カスタマイズを細かく行いたいならEC2、のように目的に応じて選択する必要があります。

LESSON 18

	RDS	EC2
メリット	運用負荷を軽減できる	細かなカスタマイズが可能
デメリット	OS にログインできない、DBMS は特定のバージョンしか使えないといった制限事項がある	RDS に比べて運用負荷がかかる

RDSでデータベースを作る手順

ここまでで、**RDS**の概要を解説しましたね。ここからは、**RDS**でデータベースサーバーを作る手順について学びましょう。

RDSを使うと、簡単にデータベースを作れるのがわかったよ〜。

それはよかった。

でも、実際にRDSでサーバーを作るとき、一体どういう手順が必要なの？

大きく6つのステップがあるよ。EC2と似ているところも多いけどね。

似ているならラクなのかな〜。だったらいいな〜。

 ## RDSでデータベースを構築する6つのステップ

RDSでデータベースを構築するには、大きく6つのステップが必要です。なお、この手順は、選んだDBMSによって順番や内容は若干異なります。

EC2のように、設定項目が複数あるんだ。EC2にはない項目もあるから順番に見ていこう。

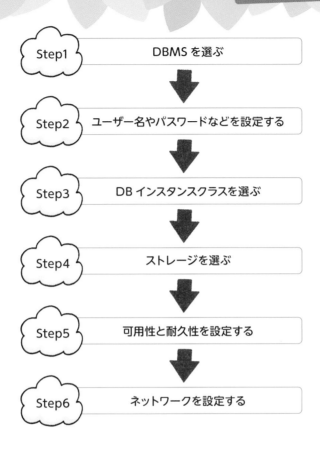

Step1 DBMS を選ぶ

Step2 ユーザー名やパスワードなどを設定する

Step3 DB インスタンスクラスを選ぶ

Step4 ストレージを選ぶ

Step5 可用性と耐久性を設定する

Step6 ネットワークを設定する

LESSON
19

RDSで実際に起動するデータベースは、DBインスタンスと呼びます。

> EC2のときと同様で、RDSで作るデータベースは「DBインスタンス」
> というんだよ。

MEMO ## DBインスタンスの作成には2つのモードがある

RDS の DB インスタンスを作成する際、最初に「標準作成」と「簡単に作成」のいずれかのモードを選びます。「簡単に作成」を選ぶと、DBMS のバージョンやネットワークの項目が、推奨されるデフォルト値で設定されます。そのため、学習や検証目的で試しに作成したい場合や、RDS の操作に慣れていない場合は、「簡単に作成」モードにするとよいでしょう。
なお本書では RDS の理解を深めるためにも、「標準作成」モードにおける主な手順について解説していきます。

Step1 DBMSを選ぶ

まずは、RDSで利用するDBMSを以下から1つ選びます。選べるDBMSは、以下の8つがあります。

RDSで選択できるDBMS

DBMS	概要
Amazon Aurora (MySQL Compatible)	AWSが開発したデータベースである「Amazon Aurora」の、MySQLとの互換性があるエディション
Amazon Aurora (PostgreSQL Compatible)	AWSが開発したデータベースである「Amazon Aurora」の、PostgreSQLとの互換性があるエディション
MySQL	オープンソースのリレーショナルデータベース。さまざまなシステムで広く使われており、例えば、ブログやWebサイトの作成ソフトウェアであるWordPressでも使われている
MariaDB	MySQLから派生して作られたデータベース。MySQLと互換性が高いのが特徴
PostgreSQL	オープンソースのリレーショナルデータベース。MySQLやMariaDBとともに人気が高い
Oracle	Oracle社が開発したリレーショナルデータベース。業務システムや基幹システムでよく使われている
Microsoft SQL Server	Microsoft社が開発したリレーショナルデータベース。Oracle同様、業務システムや基幹システムでよく使われている
IBM Db2	IBM社が開発したリレーショナルデータベース。2023年11月から、Amazon RDSでも利用できるようになった

AWSで実際にDBMSを選択する際は、以下のような画面となります。

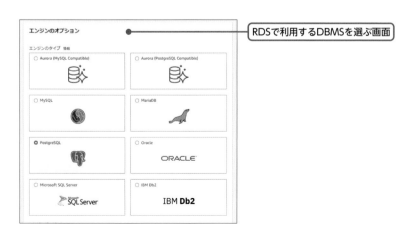

RDSで利用するDBMSを選ぶ画面

ここで、さっきのDBMSの表にあった、Amazon Auroraについて補足しておこう。

Amazon Aurora

　Amazon Aurora（アマゾン オーロラ）は、AWSが独自に開発したリレーショナルデータベース管理システム（RDBMS）です。MySQLとPostgreSQLとの完全な互換性があるので、元々オンプレミスでMySQLやPostgreSQLを使用していた場合の、移行先として使うのにも適しています。また、パフォーマンスが優れており、公式で、MySQLの最大5倍、PostgreSQLの最大3倍のスループット（単位時間あたりの処理能力）があるとアナウンスされています。そのため、AWS上でハイパフォーマンスのMySQLやPostgreSQLを利用したい場合に、使用を検討するとよいでしょう。

　ただし、Amazon AuroraはMySQLやPostgreSQLの最新バージョンに対応していない場合もあるので、その点も含めて検討する必要があります。

LESSON
19

 オーロラ、一度でいいから見てみたいな〜。

 たぶん、Amazon Auroraの名称の由来は、そこから来ているんだろうねえ。

 キレイだろうなあ……。

Step2 ユーザー名やパスワードなどを設定する

　データベースの名称や、データベースにログインする際のユーザー名とパスワードの設定を行います。これは、AWSではなく、オンプレミスでデータベースサーバーを作るときと同様ですね。

Step3 DBインスタンスクラスを選ぶ

　RDSでも、EC2のときと同様で、DBインスタンスの性能を選びます。EC2におけるインスタンスタイプ（性能）は、RDSではDBインスタンスクラスといい、DBインスタンスクラスごとに、vCPU（コア数）とメモリ量、ネットワークのパフォーマンスなどが異なります。

DBインスタンスクラスの種類

種類	概要
汎用	一般的な用途に使うクラス
メモリ最適化	メモリの消費が激しい場合に最適なクラス
バースト可能パフォーマンス	バーストが可能なクラス。バーストとは、CPUを使わないときにクレジットと呼ばれる数値を貯めておき、CPUの使用率100%が必要になったときにそのクレジットを使って一時的にハイパフォーマンスを出す機能。基本的には使用量が少ないが一時的にハイパフォーマンスが必要な場合に適しているクラス

　なお、選択できるDBインスタンスクラスは、Step1で選択したDBMSによって異なります。

Step4 ストレージを選ぶ

　Step4もEC2のときと同様で、データベースのデータを保存するストレージを選びます。

ストレージの種類

種類	概要
汎用	一般的な用途に使う
プロビジョンドIOPS	低レイテンシが求められるケース用。高いIOPSを提供
マグネティックストレージ	下位互換性のためにサポートされている。新規で使う場合は、汎用SSDまたはプロビジョンドIOPSが推奨されている

なお、選択できるストレージも、Step1で選択したDBMSによって異なります。

 # Step5 可用性と耐久性を設定する

 ここでは、データベースの可用性に関する設定を行うよ。ちょっと難しいかもしれないから、1つずつ説明していこう。

　RDSには可用性を向上するオプションである、マルチAZ（P.32参照）を設定できます。マルチAZにすると、通常時に使われるDBインスタンス（プライマリDBインスタンス）とは別に、問題発生時に使われるインスタンス（スタンバイDBインスタンス）が用意されます。この2つのインスタンスは、異なるアベイラビリティゾーン（P.32参照）に配置されます。

アベイラビリティゾーン A

RDS
（プライマリ DB インスタンス）

異なるアベイラビリティゾーンに
2 つのインスタンスが
配置される

アベイラビリティゾーン B

RDS
（スタンバイ DB インスタンス）

 アベイラビリティゾーンは、互いに独立しているデータセンター群だったね。マルチAZにすると、プライマリDBインスタンスとスタンバイDBインスタンスがそれぞれ異なるアベイラビリティゾーンに配置されるんだ。

　プライマリDBインスタンスで障害が発生した際は、スタンバイDBインスタンスに自動で切り替わることで、システムの稼働を継続できます。このように、稼働中のシステムに障害が発生した際、待機しているシステムに切り替えることを、フェイルオーバーといいます。

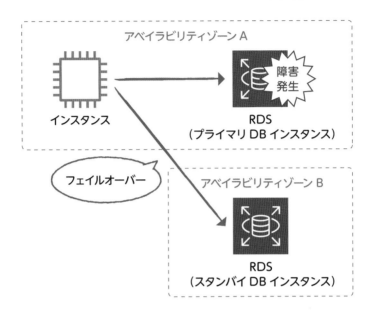

　うーん？　2つ用意することで、何か問題があったときに切り替えられるよ〜ってこと？

　そうそう。スペアを事前に用意しておくって感じかな。だからスタンバイインスタンスっていうんだ。

　備えあれば憂いなしね。

　さらに可用性が高い「マルチAZ　DBクラスター」という構成にすることもできるんだけど、ちょっと複雑な話になるから、本書では割愛するよ。

Step6 ネットワークを設定する

　最後は、ネットワークの設定です。本StepもEC2と同様で、DBインスタンスを設置する、VPCネットワークやセキュリティグループ（アクセス制御を行うファイアウォールのこと。P.91参照）を設定します。DBインスタンスは基本的にインターネットからアクセスできるようにする必要がないので、インターネットからアクセスできない「プライベートサブネット（P.169参照）」に配置することが多いです。

バックアップの設定

システムやアプリケーションはデータを操作するためのもの、といっても過言ではありません。データは企業にとって重要な資産です。そのためそのデータを保存しているデータベースを実際に運用する際は、必ずバックアップを設定しましょう。

RDSでは、デフォルトでバックアップが有効になっており、データベースのスナップショットとトランザクションログがバックアップデータとして保存されます。また、バックアップを何日間保持するかも設定できます。

DBインスタンスを誤って削除した場合は、取得したバックアップからDBインスタンスを復元することが可能です。

LESSON
19

RDS

バックアップとして
保存される

スナップ　　トランザクション
ショット　　　ログ

RDSの利用料金

　RDSの利用も、EC2と同様で、基本的に、サーバーを起動している時間に応じて料金が発生します。その料金は、選択したインスタンスタイプによって変わります。また、EC2のように、通常の「オンデマンド」に加えて、1年または3年の利用を予約することで割引になる、「リザーブドインスタンス」という料金オプションがあります。

　上記に加えて、保存したデータの量に応じても料金が発生します。データベースでは大量のデータを保存することになるため、どのぐらいのデータ量を保存する予定なのか、事前に見積もりをしておくと安心です。

 RDSも、学習目的でサーバーを作った場合、使わないときは停止しておくといいよ。

は〜い。

ストレージサービス「Amazon S3」

ここからは、**AWS** にデータを保存するもう **1** つの手段である、ストレージサービスを学びます。代表的なストレージサービスは「**Amazon S3**」です。

じゃあ、ここからはAmazon S3というサービスを学んでいくよ。

このサービスもWebアプリで必要なの？

よく使われるよ。例えば、Webアプリ上で表示する画像や動画ファイルを保存する場合によく使われるかな。Webアプリに限らず、AWSにたくさんのファイルを保存しようと思ったら、まず候補になるし、人気が高いサービスだね。

わたし、人気があるものには目がないのよ～。

Amazon S3とは

Amazon S3（Amazon Simple Storage Service。アマゾンエススリー）とは、インターネットを通じてデータの保存と取り出しができる、ストレージサービスです。S3は、99.999999999%という非常に高い耐久性を持つことが特長です。これは、9が11個並んでいることから、イレブンナインと呼ばれます。S3は保存可能なデータの総容量が設定されていない、つまり容量が実質無制限という特長もあるので、画像や動画などに始まり、大量のテキストデータや、バックアップデータの保存によく使われます。

S3へのデータのアップロードは、マネジメントコンソールにドラッグ＆ドロップすることで簡単に行えます。また、AWSで用意されているAPIを使って行うことも可能です。

テキストファイル

アップロード

ダウンロード

S3

画像　動画

 S3の3は「Simple」「Storage」「Service」の3つのSっていう意味らしいよ。

へぇ～。名前の由来を知ると、なんだか面白いね。

 AWSのほかのサービスを勉強するときも、英単語の意味を調べてみるといいよ～。

S3の用途

S3は耐久性と可用性が高く、かつ安価なため、大容量のデータや、頻繁に取り出さないアーカイブデータを保存するのによく使われます。例えば、以下のようなケースです。

- テキストファイルや画像、動画といった**静的データ**の保存
- 大量のテキストデータ（**CSV**や**TSV**など）の保存
- ログファイルの保存
- バックアップデータの保存
- 他のシステムや**AWS**サービスとのデータのやりとり

 S3は、決まった形式や定義に沿っていないデータ（非構造化データ）や、長期的に保存したいファイルを保存するのに使うってイメージかな。

S3があればいろいろなファイルを保存できちゃうんだね～。

ストレージとデータベースの用途

ふと思ったんだけど、データベースサービスとストレージサービスってどういう感じの使い分けなの？

そこは気になるところだよね。じゃあその点について補足しておこう。

データベースとストレージサービスの違いとしてはまず、データベースは主に数字や文字列のデータを保存するのに対し、ストレージはテキストファイルや画像、動画などのファイルを保存する点です。つまり、ファイルとして保存しておきたいかそうでないかという違いです（厳密には、データベースにも画像や動画のファイルを保存することは可能ですが、あまりそのような使い方はしません）。

また、データベースは数字や文字列のデータを格納しているため、データの挿入や更新、検索などを高速に処理できるという特長があります。

そのため、大きくは以下のような使い分けになります。

LESSON

20

- データの挿入・更新・検索が多い、または高速に処理したいデータ
  → データベースに格納
- 画像や動画といったファイル単位で保持したいデータ
  → ストレージに格納

例えばAWSを使ったECサイトの構築では、注文情報や会員情報はRDSなどのデータベースサービスに保存し、商品の画像はS3に保存することがよくあります。こうすることで、ECに2にかかる負荷を軽減できます。

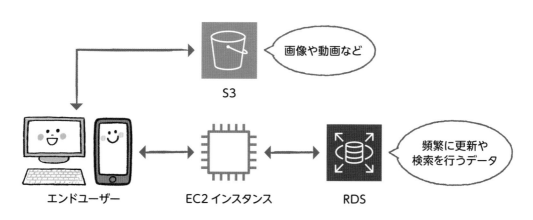

S3の基本的な構造〜バケットとオブジェクト

ここからは、S3の基本的な用語や知識を紹介していきましょう。

S3は、オブジェクトストレージのサービスです。オブジェクトストレージとは、データをオブジェクトという単位で管理するストレージのことです。このオブジェクトは、WindowsやmacOSでいう「ファイル」と考えて問題ありません。

S3では、オブジェクトはバケットに保存します。バケットは、データを保存する入れ物です。WindowsやmacOSでいう「フォルダ」と考えてください。バケット名には命名規則があるので、それについては、次ページで解説します。バケットは用途や目的にあわせて複数作成でき、1つのAWSアカウントでは、バケットは100個まで作成できます（AWSへの申請によって増やすことは可能）。

そして、オブジェクトには、オブジェクトを管理する情報（オブジェクトの作成日など）である、メタデータが付与されます。

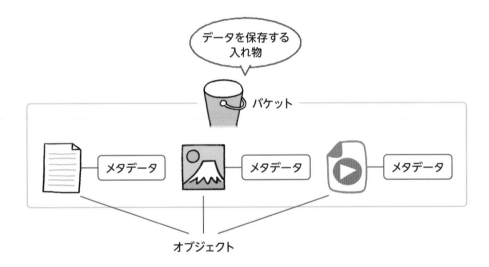

S3を使うには、バケットとオブジェクトが何かを理解することがまず重要だよ。バケットとは、英語の「bucket」で、バケツを意味するんだ。

バケツみたいな入れ物に、オブジェクトを保存する……ってイメージだね。

バケットには命名規則がある

バケット名は、すべてのAWSアカウントにわたって一意である必要があります。すべてのAWSアカウントというのは、自分の所有するAWSアカウント以外も含めた、すべてのAWSアカウントのことを指します。

またバケットには主に、以下の命名規則があります。

```
開始が数字か          終了が数字か
アルファベット         アルファベット
```

shoeisha-ichinensei-series2270

3（最少）～ 63（最大）
文字の長さ

LESSON
20

- 全体が3～63文字
- アルファベットの小文字、数字、ドット（.）、ハイフン（-）のみ利用可能
- 開始文字および終了文字は、アルファベットの小文字、または数字のみ利用可能
- 2つのピリオドを連続して含めることはできない
- IPアドレスの形式（192.168.5.10など）にはできない

命名規則はほかにもあるので、詳細を知りたい場合は、以下を参照してください。

<バケットの名前付け>

https://docs.aws.amazon.com/ja_jp/AmazonS3/latest/userguide/bucketnamingrules.html

CAUTION **バケット名とリージョンは変更できないので要注意**

バケット名や、バケットのリージョンはあとで変更できません。そのためバケットを作成する際は、間違いがないかをよく確認しましょう。

ストレージの種類

S3では、ストレージの種類をストレージクラスと呼び、各オブジェクトに紐付けられています。ストレージクラスは7つ用意されており、主にデータのアクセス頻度によって分けられます。データのアクセス頻度が低い用のクラスほど、データの保存にかかる料金が低くなっているので、頻繁に取り出すデータなのかアーカイブデータなのかに応じて、ストレージクラスを適切に選択することで、料金の最適化が図れます。

 ストレージクラスを選ぶ際は、データのアクセス頻度が事前にわかるかどうかを考えよう。それによって、大きく次の3つに分類できるんだ。

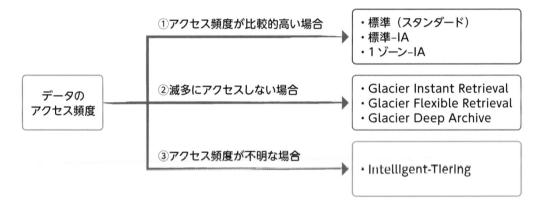

①アクセス頻度が比較的高い場合

S3に保存するデータへたびたびアクセスしたい場合は、次のストレージクラスから選びます。

高頻度アクセス用のストレージクラス

ストレージクラス	概要
S3 標準 （スタンダード）	一般的な用途で使うクラス。アクセス頻度が高いデータ（1カ月に1回以上）を保存する
S3 標準-IA	IAとは、Infrequent Access（まれなアクセス）の略。標準（スタンダード）よりアクセス頻度が低いデータ（1カ月に1回程度）を保存する
S3 1ゾーン-IA	1つのアベイラビリティゾーンのみに保存されるので、標準（スタンダード）や標準-IAより冗長性が低い。標準（スタンダード）よりアクセス頻度が低いデータ（1カ月に1回程度）を保存する

1カ月に1回程度以上アクセスするなら、ここのストレージクラスから選ぶといいよ。

最近撮影した写真はときどき見たいから、標準（スタンダード）にしようかな～。

ちなみに、2023年11月には、高頻度アクセス用の新しいストレージクラスとして「S3 Express One Zone」が発表されたよ。ほかのストレージクラスとは異なる点が多いから本書では割愛するけど、名前だけ紹介しておくね。

②滅多にアクセスしない場合

　滅多にアクセスしないデータの場合は、Glacier（グレイシア）と呼ばれるストレージクラスの中から選びます。

アーカイブデータ用のストレージクラス

ストレージクラス	概要
S3 Glacier Instant Retrieval	アクセス頻度が低いデータ（3カ月に1回程度）を保存する
S3 Glacier Flexible Retrieval	アクセス頻度が低いデータ（1年に1回程度）を保存する。データの取り出しには数分～数時間かかる
S3 Glacier Deep Archive	アクセス頻度がかなり低いデータ（1年に1回未満）を保存する。データの取り出しには数時間かかる

Glacierというのは、氷河って意味だよ。データを氷河に保存する、つまり、長期的に保存するもの、っていうイメージからこの名前が付けられたんだ。

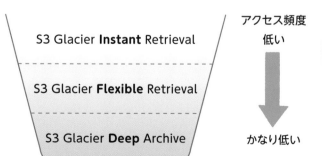

S3 Glacier **Instant** Retrieval

S3 Glacier **Flexible** Retrieval

S3 Glacier **Deep** Archive

アクセス頻度
低い

↓

かなり低い

Instant→Flexible→Deepに向かって、より地下深くでデータが凍っているようなイメージだね！だからデータの取り出しに時間がかかるんだね。

③アクセス頻度が不明な場合

　アクセス頻度が変わる、または不明な場合は、Intelligent-Tiering（インテリジェント-ティアリング）というストレージクラスが適しています。Intelligent-Tieringでは、アクセス頻度によって、「高頻度アクセス」「低頻度アクセス」「アーカイブインスタントアクセス」という3つの層を自動で移動します。30日間連続してアクセスされなかったオブジェクトは「低頻度アクセス」、90日間連続してアクセスされなかったオブジェクトは「アーカイブインスタントアクセス」へ移動されます。そのため、料金の最適化が自動で行われる、というメリットがあります。

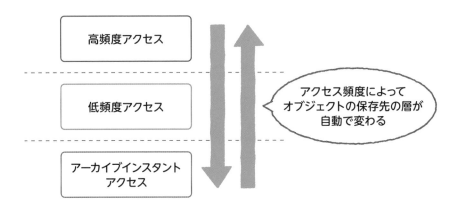

| 高頻度アクセス |
| 低頻度アクセス |
| アーカイブインスタント
アクセス |

アクセス頻度によって
オブジェクトの保存先の層が
自動で変わる

MEMO　最小ストレージ期間が設定されているクラスもある

S3のストレージクラスのうち、「S3 標準（スタンダード）」「Intelligent-Tiering」以外には、最小ストレージ期間が設定されています。最小ストレージ期間とは、その期間内にオブジェクトを削除しても、その期間分保存したとみなして料金がかかるしくみです。例えば、「S3 標準-IA」と「S3 1ゾーン-IA」では、30日の最小ストレージ期間が設定されています。そのため、30日間経っていないオブジェクトを削除しても、30日間保存していたのと同じ分の料金が請求されます。そのため、「S3 標準（スタンダード）」「Intelligent-Tiering」以外を使う際は、最小ストレージ期間以上はオブジェクトを削除しないで済むかどうかを検討しておくとよいでしょう。

S3を使う流れ

S3 の基本機能を学んだので、次は、S3 を使う際の具体的な手順について学びましょう。

S3を使うと、画像や動画などをたくさん保存できるのがわかったよ〜。

それはよかった。

でも、実際にS3へファイルをアップロードするときはどういう手順が必要なの？

大きく2つのステップがあるよ。1つずつ解説していこう。

2ステップなんだ！　それなら簡単そう〜！

S3は使い始めるのは簡単だよ〜。

S3へのファイルアップロード手順

S3へファイルをアップロードするには、まずバケットを作成する必要があります。

バケットを作成する際は、P.135の命名規則を守る必要があるよ。

Step1　バケットを作成する
・命名規則に沿ったバケット名の指定
・バージョニングの設定
・ブロックパブリックアクセスの設定

Step2　オブジェクトをアップロードする
・マネジメントコンソールにファイルを
　ドラッグ＆ドロップ
・ストレージクラスの設定

　なお、マネジメントコンソールでのアップロードでは、160GBを超えるファイルのアップロードはできません。そのため、容量が大きいファイルのアップロードには、AWS CLI、AWS SDK（AWSの開発者向け用ツール）、REST APIのいずれかを使用します。

 ## アップロードしたファイルへのアクセス

　アップロードしたファイル（バケットに保存されているオブジェクト）にアクセスするには、アップロードのときと同様で、マネジメントコンソールやAWS CLI、AWS SDK、REST APIを使用します。

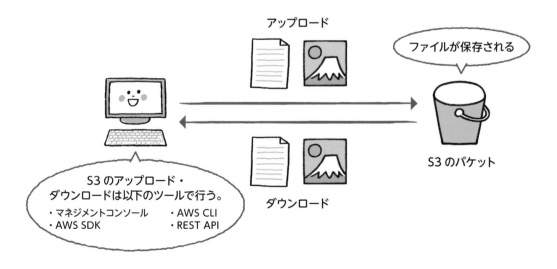

アップロード

ファイルが保存される

S3 のバケット

S3 のアップロード・
ダウンロードは以下のツールで行う。
・マネジメントコンソール　・AWS CLI
・AWS SDK　　　　　　　　・REST API

ダウンロード

S3の利用料金

　S3の利用には基本的に、S3に保存したデータ量に応じた料金が発生します。その料金は、選択したストレージクラスによって変わります。

　実際のシステム開発の現場では、S3には大量のデータを保存することが多いため、どのぐらいのデータ量を保存する予定なのか、事前に見積もりをしておくのが安心です。

学習目的でS3にファイルを保存するぐらいだったら、あんまり気にしなくていいけど、大量のデータを保存したい場合は、事前に見積もりしようね。

は～い。

LESSON
21

LESSON

22

S3のオブジェクトの履歴を管理する方法

S3には、オブジェクトの履歴を管理する、バージョニングという機能が備わっています。

ねえねえ、先生っ。S3のオブジェクトを間違えて上書きしちゃった！

あれまあ。

どうすればいいの？

バージョニングは有効にしていなかったんだよね？　それじゃあ前のファイルは取り出せないよ。

そうなんだ……。がーん。でも、バージョニングって、何のこと？

バージョニングとは、S3のオブジェクトのバージョンを管理する機能だよ。

おっちょこちょいのわたしに、ぜひその機能を教えてくださ〜い！

 ## バケットでのバージョニング

S3では、バージョニング機能が提供されています。バージョニングとは、同じバケット内で、それぞれのオブジェクトで複数バージョンを保持することです。デフォルトではバージョニングは無効になっています。有効にしておくと、オブジェクトを間違えて上書きしたり削除したりした場合でも、そのオブジェクトの古いバージョンを簡単に復元できます。

　バージョニングを有効にしたバケットで、オブジェクトを上書きすると、そのオブジェクトが最新バージョンになります。オブジェクトを削除した場合は、オブジェクトは完全には削除されず、削除マーカーが付与されます。

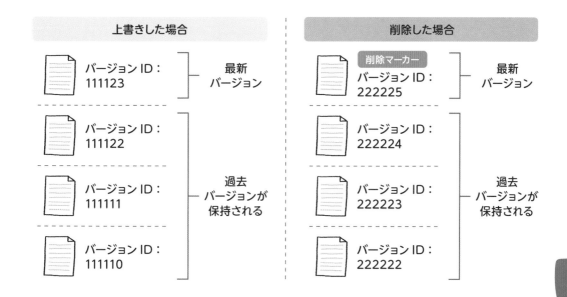

　また、バージョニングが有効な場合、オブジェクトには一意のIDが生成されます。このIDはバージョンIDといいます。このバージョンIDを指定することで、過去バージョンのオブジェクトを取得できます。

これで間違えて上書きや削除をしても安心ね！　なんだか気がラクになったわ～。

ただ、バージョニングを有効にすると保存している容量が増えるので、その分料金は高くなるからね。例えば全部で5つのバージョンが保持されている場合、バージョニングしていないときと比べて5倍の料金がかかるよ。

え！　そうなの！？

うん。だから、大量のデータを保存する場合は、注意してね。

143

LESSON
23

S3の料金を最適化する方法

S3には、料金の最適化を図る、ライフサイクルという機能が備わっています。

S3には、ストレージクラスというストレージの種類があることを覚えている?

うん。覚えているよ。確か、全部で7つあったよね。

そうそう。適切なストレージクラスを選ぶことで料金を抑えることができるんだけど、例えば、最初はよくアクセスしたいけど、半年後にはアーカイブのクラスに移動したいってケースも考えられるよね。

確かに、時間が経てば、そのデータにアクセスしなくなることはよくあるよね。例えば、スマホで撮った写真とか、まさにそうかも。

そう。そんなとき用に、S3にはストレージクラスを自動で移動できる機能があるんだよ。

そういう機能があるの?　面倒くさがりのわたしにぴったりかも〜!

バケットの「ライフサイクル」管理

S3には、料金を最適化するためのライフサイクルと呼ばれる機能があります。ライフサイクルという言葉はP.96のEC2の解説にも出てきましたが、それとは別の機能です。

S3のライフサイクルとは、オブジェクトの経過日数に応じて異なるストレージクラスへ

移動したり、自動的に削除したりする機能です。

ライフサイクルには、大きく2つのアクションがあります。

Transition actions（移動アクション）

オブジェクトを別のストレージクラスへ移動するルールを指定できます。例えば、オブジェクトの作成100日後に、S3 Glacier Instant Retrievalに移動する、といったルールの指定が可能です。

Expiration actions（有効期限切れアクション）

オブジェクトを削除するルールを指定できます。例えば、オブジェクトの作成100日後に自動で削除する、といったルールの指定が可能です。なお、バージョニング（P.142参照）が有効な場合は、完全に削除されるのではなく、削除マーカーの付与となります。

LESSON
23

S3ってただデータを保存できるだけかと思いきや、本当に機能が多いんだね。

そうだね。この機能の豊富さが、自分でストレージを購入して使うのと比べたときの、メリットだよね。

自分に使いこなせるのか、心配になっちゃうよ……。

機能の概要は知っておかないとAWSで何ができるのかがわからないから紹介はしているけど、最初から機能すべてを覚えようとする必要は全くないよ。AWS全体にもいえることだけど、すべて習得しようとするんじゃなくて、必要になったら使うの精神で学んでいくといいよ。

LESSON

24

S3のアクセス制御

S3では、バケットやオブジェクトへのアクセスを制御する機能が備わっています。

ねぇねぇ、先生っ。素朴な疑問なんだけど、S3に保存したファイルって、誰でも見ることができるの？

デフォルトの設定だと、ほかのAWSアカウントからは見られないよ。

ふーん。そうなんだ。

ただ、S3では、バケットやオブジェクトへのアクセスを制御する機能があるから、それを使って、ほかの人が見られるようにすることが可能だよ。

よくわかんないので説明してくださ〜い。

🌰 S3のアクセス制御機能

S3のバケットやオブジェクトは、デフォルトでは非公開であり、所有者のAWSアカウントのみがそれらにアクセスできます。そのため、ほかのAWSアカウントやインターネット上に公開したい場合は、アクセス制御を変更する必要があります。

S3には、ブロックパブリックアクセスと、バケットポリシーという2つのアクセス制御機能があります。

アクセス制御機能① ブロックパブリックアクセス

　ブロックパブリックアクセスとは、バケットへの外部からのアクセスをブロックする機能です。デフォルトでは有効化されているので、外部へ公開する必要がない場合は、無効にしないよう注意しましょう。

　また、この機能は、次の「アクセス制御機能② バケットポリシー」の項で説明するバケットポリシーより強い設定なので、バケットポリシーで設定ミスがあったとしても、本機能を有効にしている限り、外部からアクセスされる恐れはありません。

　ブロックパブリックアクセスを実際に設定する画面は、以下の通りです。

ブロックパブリックアクセス (バケット設定)

パブリックアクセスは、アクセスコントロールリスト (ACL)、バケットポリシー、アクセスポイントポリシー、またはそのすべてを介してバケットとオブジェクトに許可されます。すべての S3 バケットおよびオブジェクトへのパブリックアクセスが確実にブロックされるようにするには、[パブリックアクセスをすべてブロック] を有効にします。これらの設定はこのバケットとそのアクセスポイントにのみ適用されます。AWS は [パブリックアクセスをすべてブロック] を有効にすることをお勧めします。これらの設定を適用する前に、アプリケーションがパブリックアクセスなしで正しく機能することを確認してください。内部のバケットやオブジェクトへのある程度のパブリックアクセスが必要な場合は、特定のストレージユースケースに合わせて以下にある個々の設定をカスタマイズできます。詳細はこちら

☑ **パブリックアクセスをすべて ブロック**
　この設定をオンにすることは、以下の 4 つの設定をすべてオンにすることと同じです。次の各設定は互いに独立しています。

☑ 新しいアクセスコントロールリスト (ACL) を介して付与されたバケットとオブジェクトへのパブリックアクセスをブロックする
　S3 は、新しく追加されたバケットまたはオブジェクトに適用されたパブリックアクセス許可をブロックし、既存のバケットおよびオブジェクトに対する新しいパブリックアクセス ACL が作成されないようにします。この設定では、ACL を使用して S3 リソースへのパブリックアクセスを許可する既存のアクセス許可は変更されません。

☑ 任意のアクセスコントロールリスト (ACL) を介して付与されたバケットとオブジェクトへのパブリックアクセスをブロックする
　S3 はバケットとオブジェクトへのパブリックアクセスを付与するすべての ACL を無視します。

☑ 新しいパブリックバケットポリシーまたはアクセスポイントポリシーを介して付与されたバケットとオブジェクトへのパブリックアクセスをブロックする
　S3 は、バケットとオブジェクトへのパブリックアクセスを許可する新しいバケットポリシーおよびアクセスポイントポリシーをブロックします。この設定は、S3 リソースへのパブリックアクセスを許可する既存のポリシーを変更しません。

☑ 任意のパブリックバケットポリシーまたはアクセスポイントポリシーを介したバケットとオブジェクトへのパブリックアクセスとクロスアカウントアクセスをブロックする
　S3 は、バケットとオブジェクトへのパブリックアクセスを付与するポリシーを使用したバケットまたはアクセスポイントへのパブリックアクセスとクロスアカウントアクセスを無視します。

> バケットの作成時に表示される、ブロックパブリックアクセスの設定画面

LESSON
24

> 外部へ公開する必要がない場合は、無効にしちゃダメだよー！　基本的には「パブリックアクセスをすべてブロック」にチェックを付けておこう。

> わかったよ～。

アクセス制御機能② バケットポリシー

　バケットやオブジェクトをほかのAWSアカウントやインターネット上に公開したい場合は、ブロックパブリックアクセスを無効化し、バケットポリシーを設定します。

　バケットポリシーとは、バケットやオブジェクトへのアクセス制御をJSON形式のデータで設定できる機能です。バケットポリシーを使うと、Aさんには公開するけどBさんには公開しない、といった設定が可能です。

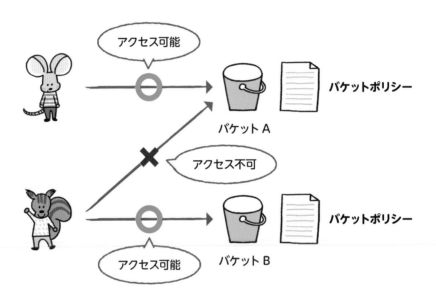

　例えば、あるオブジェクトをインターネット上に公開するバケットポリシーは、以下のようになります。

バケットポリシーの例

```
{
    "Version": "2012-10-17", ……………… バージョン（AWSにより固定）
    "Statement": [
        {
            "Sid": "PublicRead", …… ポリシーの名称（わかりやすい名前に
                                    すること）
            "Effect": "Allow", ………… 許可（Allow）または拒否（Deny）
            "Principal": "*", ………… アクセス可能なAWSアカウントおよび
                                    IAMユーザー。「*」は不特定多数への
                                    公開
```

```
    "Action": [
        "s3:GetObject" ·························· 制御対象の操作
    ],
    "Resource": [
        "arn:aws:s3バケット名/オブジェクト名" ····· ポリシーの適用
                                                    範囲
    ]
  }
 ]
}
```

　バケットポリシーの記述方法の詳細が知りたい場合は、以下の公式ドキュメントを参照してください。

＜S3のポリシーとアクセス許可＞

https://docs.aws.amazon.com/ja_jp/AmazonS3/latest/userguide/access-policy-language-overview.html

LESSON
24

 ## アクセス制御は利用者の責任範囲!

　S3でのアクセス制御を行う方法を解説しましたが、今一度、理解しておいてほしい点があります。それは、アクセス制御の設定は利用者の責任範囲だということです。これは、責任共有モデル（P.46参照）で定義されている内容です。

　そのため、設定ミスでバケットを意図せずインターネット上に公開してしまった、などは利用者の責任です。S3の操作に慣れていないうちは、公開してもよいファイルをアップロードしてアクセス制御の設定を行ってみるなど、事前に検証しておくのをおすすめします。

　P.46で学んだ責任共有モデルをよく思い出してね。

　なるほど。責任共有モデルが何かが、ここでやっと実感できたような気がするよ〜。

LESSON

25

S3で静的Webサイト を作る方法

S3では、ファイルを保存するだけではなく、それらを静的Webサイトとして公開する機能が備わっています。

本章の最後に、S3の「静的Webサイトホスティング」という機能を紹介しよう。

え、何それ？

S3では、保存したオブジェクトを、Webサイトとして公開する機能があるんだ。

S3で、Webサイトが作れるの！？

S3の有名な機能だから、解説しておこう。

 ## S3では静的Webサイトも作れる

S3には、静的Webサイトホスティングという機能があります。静的Webサイトとは、アニメーションや動的な画面描画をしない、シンプルなWebサイトのことです。S3では、HTMLや画像を入れたバケットで本機能を有効化するだけで、静的Webサイトを作れます。

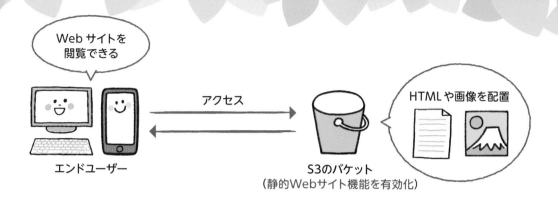

ただし、S3単体で作れるのは、あくまで静的Webサイトです。S3にはプログラムを実行する機能はないので、サーバーでの処理が必要なサイト（動的Webサイト）は、S3単体では作れない点に、注意してください。

 静的Webサイトも作れちゃうなんて、S3ってすごいんだね〜！

耐久性が高いだけではなく、多機能なところも、S3の魅力なんだ。

LESSON
25

MEMO
静的WebサイトホスティングのHTTPS化

S3の静的Webサイトホスティングでは、デフォルトの通信はHTTPになっています。通信をHTTPS化したい場合は、Amazon CloudFrontというサービスを使います。CloudFrontとは、エンドユーザーに近い場所でコンテンツを配信することで、Webサイトのレスポンスを速くするサービスです。本書では本サービスの詳細には触れませんが、よく使われるサービスなので、名称だけでも押さえておくとよいでしょう。

最後の章では、ここまでに学んだ以外のサービスで、基礎として押さえておきたいものを紹介するよ〜。

どんなサービスだろう？楽しみ〜。

第5章

そのほかに知っておきたい
AWSの基礎的なサービス

Webアプリの作成に必要なものは、全部そろっているね！

うん。もう1つAmazon VPCという仮想ネットワークのサービスもあるよ。

そっか。ネットワークも必要だよね。

なるほど

そうそう。さらにAWS Lambdaっていうサービスも、AWSの有名なサービスだよ。

AWS Lambda

なにやらこれも便利そう。

サーバーがなくてもアプリ開発ができる便利なものだよ。

それぞれ見ていこう。

はーい。

この章で学ぶこと

ネットワークとは？

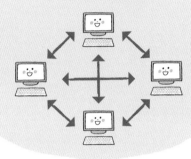

AWS のネットワークサービス

Amazon VPC

サーバーレスとは？

アプリケーション

OS やミドルウェア

インフラ
（サーバーやネットワーク）

AWS のサーバーレスサービス

AWS Lambda

LESSON
26

ネットワークの基礎知識

ここからは、ネットワークの基礎知識と、**AWS** のネットワークサービスについて学びましょう。

> Webアプリに必要なサーバーはEC2、データベースはRDSで用意するのはわかったわ。この知識があればAWSでWebアプリを作れそうな感じね！

> まだ足りていないものがあるよ。

> えーっと……。何だっけ？

> ネットワークだよ。サーバーがあっても、ネットワークがなければ、接続することすらできないからね。

> あ、そっかあ。忘れてた……。

> AWSでは、ネットワークを作成できる「Amazon VPC」というサービスがあるんだ。

> ふむふむ。

> ただ、VPCを扱うには、ネットワークの知識がある程度はないと、活用するのは難しいんだ。だから、ネットワークの基礎知識をざっと学んでいこう。

ネットワークって何だろう?

　ネットワークとはそもそもどういう意味でしょうか。ネットワークは「網目状に作られたもの」という意味です。つまりネットワークとは、複数のものが網目状につながっている様子を表す言葉です。ネットワークはITに限った用語ではありません。例えば、バスや電車などの交通網を「交通ネットワーク」、人と人のつながり（人脈）を「人的ネットワーク」と呼ぶことがあります。

　本書では、コンピュータ同士が通信できるコンピュータネットワークについて学びます。

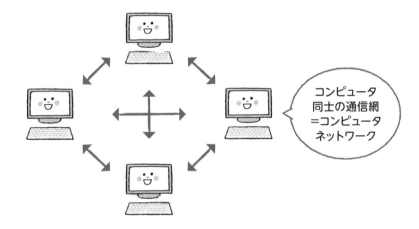

コンピュータ同士の通信網＝コンピュータネットワーク

ネットワークって言葉、何となく使っていたけど、確かに、交通ネットワークとかもいうよね。

 そうそう。その中で、ITにおけるネットワークというと、コンピュータネットワークのことを指すんだ。コンピュータネットワークでは、コンピュータ同士をケーブルや電波でつなぐことで、互いに通信が行えるようになっているよ。

なるほどね。

 この書籍でもネットワークという場合、すべてコンピュータネットワークのことを指しているよ。

LESSON
26

ネットワークは分割できる

ネットワークは分割することもできます。分割したネットワークのことを、サブネットと呼びます。AWSでネットワークを作成する際も、サブネットに分割して利用します。

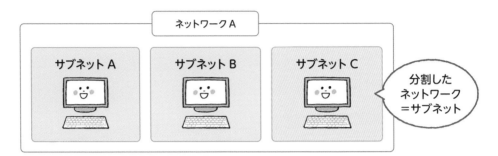

ネットワークA

| サブネットA | サブネットB | サブネットC |

分割した
ネットワーク
=サブネット

なんでネットワークをわざわざ分割するの？

 主に、以下のようなメリットがあるからかな。

- **通信制御が行える**

ネットワークの設定はサブネットごとに行えます。そのためサブネットにすると、営業部用のネットワークを作る、インターネットから接続させたくないサーバーを別のサブネットに配置する、などの通信制御を行うことが可能です。

- **障害対応がしやすい**

1つの大きなネットワークだと、通信障害が発生した際に、どこが原因なのかが調査しづらいです。サブネットにすると、どこで障害が発生しているかが局所化できるので、原因を特定しやすくなります。

- **通信の効率化**

「この宛先であればサブネットA、この宛先であればサブネットB」のように、どのサブネットあての通信なのかが判断できるため、通る必要のないネットワーク機器を経由せず、効率のよい通信が可能になります。

サブネットを作る際に使う表記

 サブネットを作成する際は、CIDR（サイダー）と呼ばれる表記を使うんだ。

 サイダーってしゅわしゅわしていて美味しいよね〜。

そのサイダーじゃないよ。

なんと！

AWSではこのあと解説するVPCというサービスでネットワークは作れるんだけど、そのネットワークの分割にもCIDR表記を使うんだよ。CIDR表記を理解するためにも、もう少しIPアドレスについて掘り下げていこう。

IPアドレスについては、P.100で「コンピュータの住所を表す番号」と解説しましたね。このIPアドレスは、ネットワーク部とホスト部という2つの部分で構成されています。

ネットワーク部とは、IPアドレスが属しているネットワークを表す部分であり、ホスト部はネットワーク部が表すネットワークの中でどのコンピュータなのかを表す部分です。

LESSON
26

IPアドレス
＝ ネットワーク部 ＋ ホスト部

IPアドレスが属している
ネットワークを表す部分

ネットワーク部が表す
ネットワークの中で、
どのコンピュータなのかを
表す部分

 IPアドレスってただ数字が並んでいるだけかと思ったら、それぞれ意味があるのね。

例えばIPアドレスが「10.0.2.1」で、ネットワーク部が「10.0.2」、ホスト部が「.1」の場合、このIPアドレスは「10.0.2」というネットワークに属していることを表すよ。

10.0.2.1

ネットワーク部
= どのネットワークかを表す

ホスト部
= ネットワークのどのコンピュータなのかを表す

　IPアドレスのネットワーク部とホスト部の境界を表すのに使われるのが、CIDR表記です。CIDR表記では、IPアドレスの横に「/（スラッシュ）」とIPアドレスのどこまでをネットワーク部として使うかを記述します。例えば、「10.0.2.0/24」の場合、IPアドレスを2進数で表して左から24桁（10.0.2までの部分）がネットワーク部であることを表します。

10.0.2.0/24

0 0 0 0 1 0 1 0 | 0 0 0 0 0 0 0 0 | 0 0 0 0 0 0 1 0 | 0 0 0 0 0 0 1 0

先頭から24桁までを
ネットワーク部として利用する

ホスト部として
利用する

8桁の2進数なので、
2の8乗＝256個の
IPアドレスがこのネットワークの
IPアドレスの範囲！

つまりこのネットワークの場合、IPアドレスの範囲は「10.0.2.0 ～ 10.0.2.255」ということになるんだ。IPアドレスの数が合計256個のネットワークってこと。

　ここでは、「10.0.0.0/16」というネットワークを、CIDR表記を使ってサブネットに分割してみましょう。「10.0.0.0/16」というネットワークは、ネットワーク部が「/16」なので、IPアドレスの数が合計65,536個のネットワークになります。

　そのネットワークを、サブネットAを「10.0.1.0/24」、サブネットBを「10.0.2.0/24」、サブネットCを「10.0.3.0/24」のように区切る場合、以下のようなイメージになります。

```
┌─────────────────────────────────────────┐
│              ネットワーク A               │
│                                          │
│            10.0.0.0/⑯                    │
│         (IP アドレス数：65,536)           │
│  ┌──────────┐ ┌──────────┐ ┌──────────┐ │
│  │サブネット A│ │サブネット B│ │サブネット C│ │
│  │(10.0.1.0/24)│ │(10.0.2.0/24)│ │(10.0.3.0/24)│ │
│  │IP アドレス数│ │IP アドレス数│ │IP アドレス数│ │
│  │   ：256   │ │   ：256   │ │   ：256   │ │
│  └──────────┘ └──────────┘ └──────────┘ │
└─────────────────────────────────────────┘
```

元々のネットワークは「/16」で、サブネットでは「/24」になっているのはどういうことなの？

「10.0.0.0/16」のネットワークは「/16」って書いてあるから、ネットワーク部が「10.0」までなのはわかる？

うん、そこはわかる。

つまり、「10.0.0.0/16」のネットワークで使えるIPアドレスの範囲は、「10.0.0.0 ～ 10.0.255.255」なんだ。つまり、合計65,536個のIPアドレスが使える。

ほうほう。

そのうち、サブネットAは「10.0.1.0/24」、つまり「10.0.1.0 ～ 10.0.1.255」の合計256個のIPアドレスが使えるネットワークになるんだ。

ああ、つまりネットワーク部を24にすることで、それより小さい範囲のネットワークが作れるのね？

そうそう。「10.0.0.0/16」のネットワークのうち、「10.0.1.0 ～ 10.0.1.255」のネットワークを作るために、ネットワーク部の指定を24に増やしたんだ。

LESSON
26

ふむふむ。でも、元々のネットワークが「/16」で65,536個のIPアドレスが使えるって、実際、そんなに必要なの？

AWSでは、VPCを使ってネットワークを作る際、ネットワーク部を「/16〜/28」の間にする決まりになっているんだけど、「/16」にしておけば、左からドット2つ分までがネットワーク部になるから、キリがよくてわかりやすいでしょ？

うーん、確かに。

あとは、最初から小さいネットワークにしておくと、あとで拡張できなくなるんだ。だから、「/16」でネットワークを作っておいて、その中でサブネットを作成することが多いよ。

キリがよくてわかりやすい、あとで拡張しやすい、という2つの理由があるんだね。なるほどね〜。

CIDR表記がわかっていないと、VPCを使って自分でネットワークを作成することが難しいんだ。だから、しっかり理解しておこうね。

LESSON
27

ネットワークサービス「Amazon VPC」

AWS 上で仮想ネットワークを構築できる、Amazon VPC というサービスについて解説します。

じゃあ、ここからはAmazon VPCというネットワークサービスを学んでいくよ。

はーい。

ここまで学んできたEC2やRDSでは、インスタンスを作る際にネットワークの設定があったよね？

確かにちょっと解説があったよね。

LESSON
27

そのネットワークは、VPCで作成されたものなんだ。AWSでのシステム構築において、とっても重要なサービスだよ。

Amazon VPCとは

Amazon VPC（Amazon Virtual Private Cloud。以降、VPC）とは、AWS上で仮想的なネットワークを構築できるサービスです。例えば、EC2やRDSのインスタンスはネットワークにつながっていないと、通信することができません。それらリソース（P.68参照）を配置するネットワークの構築に使うサービスが、VPCです。

P.83のEC2におけるサーバー作成や、P.122のRDSにおけるデータベース作成でも紹介したように、これらのインスタンスを作成する際は、VPCネットワークの設定を行う必要があるんだ。

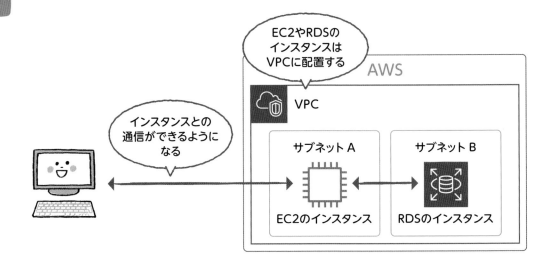

なお、VPCは、1つのAWSアカウントで複数作成できます。1つのVPCに複数のシステムを構築してしまうと通信制御や管理が個別に行えなくなるので、基本的に1つのシステムごとに1つのVPCを作成します。

AWS上に自分のネットワークを作れるのはわかったけど、そもそも、仮想的なネットワークって何なの？

仮想ネットワークについては次ページで解説しよう。

仮想ネットワークとは

　P.79では仮想サーバーについて学びましたが、仮想ネットワークとは何でしょうか。仮想ネットワークとは、物理的なネットワーク機器上に構築された、ソフトウェアによって制御可能なネットワークです。

　ソフトウェアでの制御のため、ルーターやスイッチ、ハブといった物理的なネットワーク機器にとらわれない、柔軟なネットワーク構築が可能です。またネットワークの変更をしたい場合も、物理的な配線を変えるのではなくソフトウェアの設定で行うので、運用や保守がしやすいというメリットがあります。

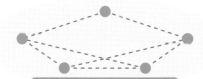

ソフトウェアによって
制御できる
ネットワーク

仮想的なネットワーク

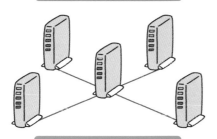

物理的なネットワーク

LESSON
27

仮想といっても物理的なネットワーク機器は存在しているんだ。その上に載った、ソフトウェアで制御できるネットワークを、仮想ネットワークっていうんだ。仮想ネットワークも、AWSを支えている技術の1つだね。

裏にはルーターやスイッチが存在しているってわけね。

そうそう。VPCは仮想ネットワークだから、必要に応じてすぐに作れるし、機器の配置を変えずともネットワーク構成の変更ができるんだ。

サーバーだけじゃなくて、ネットワークも仮想化できるんだね〜。

VPCにおけるサブネット作成

　P.158ではサブネットについて学びましたが、VPCネットワークも、サブネットに分割できます。EC2インスタンスやDBインスタンスといったリソースは、VPCではなくサブネットに配置するのがAWSの仕様です。

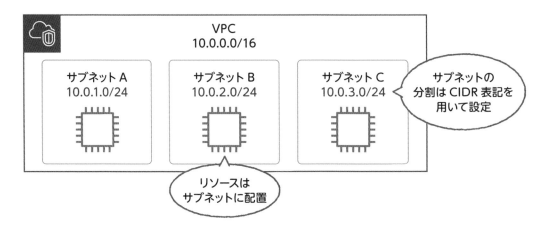

　VPCでサブネットを作る際は、P.159で学んだ、CIDR表記を使って設定します。AWSで実際にサブネットを作成する画面は、以下の通りです。

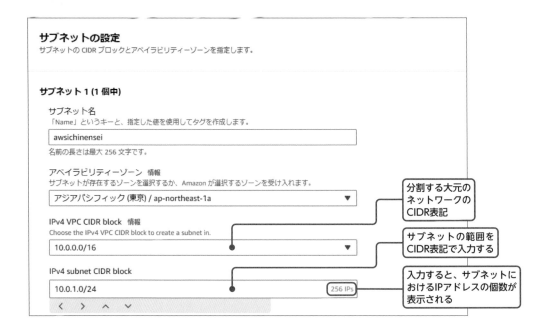

またサブネットを作成する画面にも項目があるように、AWSではサブネットを作成する際はアベイラビリティゾーンを指定します。そのため、サブネットを複数のアベイラビリティゾーンに作成しておき、各サブネットにEC2のインスタンスなどを配置することで、マルチAZ配置（P.32参照）を実現できます。

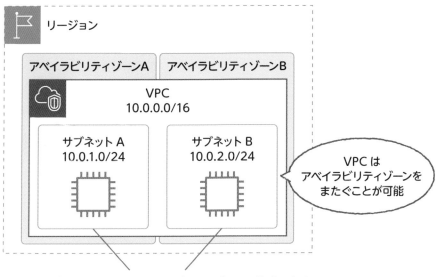

複数のサブネットを異なるアベイラビリティゾーンに作成できる

 AWSにおいては、サブネットは、ネットワークを分割できるだけではなく、可用性の確保という意味もあるんだ。ちなみにサブネットを作成する際、アベイラビリティゾーンを「指定なし」にすると、VPCのリージョンのいずれかのアベイラビリティゾーンに自動で配置されるよ。

ふーん。なるほどねえ。

LESSON
27

VPCをインターネット接続させるには

あとVPCで押さえておきたい点としては、デフォルトだと、インターネットにつながっていないところかな。

え、インターネットにつながっていないの！？

だって、どのサブネットも自動でインターネット接続されるようになっていたら、セキュリティ的によくないでしょ？

いわれてみれば、そうかも……。

　作成したVPCネットワークはデフォルトだと、インターネットにつながっていません。インターネットから接続可能にするには、VPCの機能である**インターネットゲートウェイ**を作成し、VPCにアタッチ（取り付け）する必要があります。

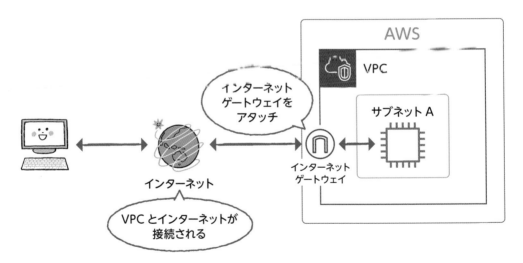

サブネットには種類がある

　AWSでは、インターネットからアクセスできるサブネットをパブリックサブネットと呼びます。パブリックサブネットを作成するには、インターネットゲートウェイへのルーティングを設定します。なお、ルーティングとは、通信経路を制御するしくみのことです。
　一方、インターネットからアクセスできないサブネットをプライベートサブネットと呼び、インターネットゲートウェイへのルーティングがないサブネットのことを指します。

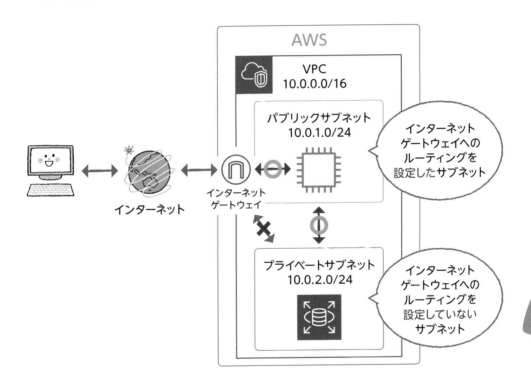

LESSON
27

　このようにサブネットを作成することで、EC2インスタンスはパブリックサブネット、インターネットからアクセスできる必要がないDBインスタンスはプライベートサブネットに配置するなどして、インスタンスのセキュリティを高めることが可能です。

 本書では詳しく扱わないけど、各サブネットにはルートテーブルという項目がある。インターネットゲートウェイと通信できるようにするかどうか、などのサブネットの通信制御は、ルートテーブルで設定するんだ。それによって、サブネットをパブリックにするかプライベートにするかを設定できるんだよ。

VPCの利用料金

VPCの作成やインターネットからVPCへの通信（インバウンド）は無料ですが、VPCからインターネットへの通信（アウトバウンド）には、料金が発生します。また、その他の有料オプション（「NATゲートウェイ」と呼ばれる機能など）もあるので、オプションを利用する際は、料金が発生するケースがあることを覚えておきましょう。

プライベートサブネットでも、ソフトウエアのアップデートのために、プライベートサブネットからインターネットへの通信は許可したい場合がある。そんなときに、NATゲートウェイというVPCの機能がよく使われるんだけど、「NATゲートウェイ」は作成しただけで料金が発生するんだ。

ふーん。

だから、「NATゲートウェイ」の作成には料金がかかることは覚えておくといいよ。

LESSON
28

人気が高い開発手法である「サーバーレス」

本書の最後に、**AWS**で人気が高い「サーバーレス」サービスについて学びます。まずは「サーバーレス」が何かを解説しましょう。

 本書の最後に、「サーバーレス」サービスについて解説しよう。

何それ？　なんで学ぶ必要があるの？

 最近のクラウドを使った開発では、サーバーレスというサービスを使うことが増えているんだ。だから、クラウドを勉強するなら押さえておきたいキーワードだね。

なんで増えているの？

 サーバーの管理業務が不要になり、アプリケーションの開発に注力できるからなんだ。

ふーん。ラクになるってことかな。ラクになるなら大歓迎なのよ〜。

 ## 「サーバーレス」とは

ここまでAWSの「サーバーサービス」「データベースサービス」「ストレージサービス」「ネットワークサービス」について学びました。AWSではこのカテゴリ以外にもさまざまなサービスがありますが、近年人気が高く開発でよく導入されるものとして、サーバーレスサービスがあります。

171

　サーバーレスサービスとは、利用者がサーバーを意識することなく、アプリケーションを実行できるサービスのことです。意識する必要がないというのは、サーバーの運用に必要な、インフラ、OS、ミドルウェアの準備、それらの保守作業に加えて、スケーリングや可用性の設計も、AWSが行ってくれることを指します。

　ただしサーバーレス（Serverless）といっても、サーバーがないということではありません。アプリケーションを実行するサーバーはAWSより提供されますが、そのサーバーを意識することがない、という意味でサーバーレスと呼ばれています。

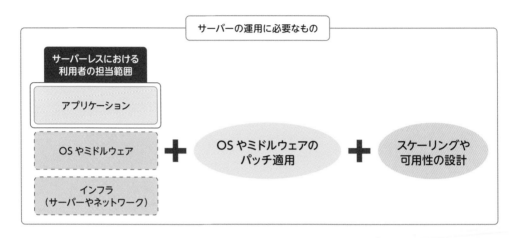

サーバーが存在しない！ということではないんだね。

そう。サーバーは利用者の見えないところで動いているんだけど、それを気にする必要がないってことなんだ。

存在しているけど気にしなくていい、ってところがポイントなのね。

そう。そこをきちんと理解することがとても重要だよ～！

サーバーレスのメリットとデメリット

アプリケーションだけ気にすればいいんだったらそのほうがラクそう
だし、EC2を使わずに何でもサーバーレスを使えばいいんじゃないの？

サーバーレスにも向き不向きがあるから、何でもサーバーレスにすれ
ばいいってもんじゃないんだよ。

　ここで、サーバーレスのメリットとデメリットをまとめておきましょう。サーバーレス
のメリットは以下の通りです。

- サーバーに必要なもの（インフラやOS、ミドルウェア）の調達と保守作業が不要
- スケーリングや可用性の設計が不要
- 未使用時のリソースの確保が不要なので料金の最適化が図れる

　一方、EC2などのサービスに比べて制約が多いというデメリットがあります。例えば、
AWSのサーバーレスサービスである「AWS Lambda」では、以下の制約があります。

- 実行時間に制限がある（1回の実行につき最大15分）
- 同時実行数に制限がある（最大1,000）
- 実行環境で利用できるメモリも上限がある（最大10GB）
- サーバーの設定変更ができない

LESSON
28

　そのため、実行時間が短い、かつ、常時実行が不要で単発的な処理を実行する場合に向
いているといえます。

1回の実行時間が15分とか、結構短いのね。

そうだね。だから長時間実行させたい場合は、現状ではサーバーレス
は不向きといえるね。

AWSのサーバーレスサービス

AWSでは、さまざまな分野においてサーバーレスサービスを提供しています。本書では、サーバーサービスである、AWS Lambdaについて解説します。

サーバーサービス

AWS Lambda
イベント駆動型の処理が行える

コンテナサービス

AWS Fargate
コンテナ（隔離された仮想サーバーのこと）を実行できる

データベースサービス

Amazon DynamoDB
キーバリューストア型のデータベース

API 構築サービス

Amazon API Gateway
API（外部から呼び出せるプログラム）を構築できる

メッセージサービス

Amazon SQS
キュー形式（到着した順番にデータを取り出す形式。キューの種類によっては順序を保証しないものもある）でメッセージの送受信が行える

メッセーンサービス

Amazon SNS
Pub/Sub 形式（複数のメッセージ受信者がいる形式）でメッセージの送受信が行える

P.118で紹介があったDynamoDBってサーバーレスだったんだね？

そうそう。サーバーレスなデータベースサービスなんだ。そこで、AWSのサーバーレスサービスとしてとても有名なのはAWS Lambdaってサービスだから、以降は、AWS Lambdaについて学んでいくよ～。

サーバーレスサービス 「AWS Lambda」

ここからは、**AWS** の代表的なサーバーレスサービスである「**AWS Lambda**」について学びましょう。

> じゃあ、ここからはAWS Lambdaというサービスを学んでいくよ。

> それは、どういうものなの？

> AWSのサーバーレスサービスの中でも、代表的なものなんだ。サーバーを用意せずとも、プログラムを実行できるから、実際のアプリケーション開発でもよく使われているんだよ。

> 人気があるサービスなのね。

 ## AWS Lambdaとは

　AWS Lambda（以降、Lambda）とは、アプリケーションの実行環境を提供する、サーバーレスサービスです。Lambdaは「ラムダ」と読みます。Lambdaでは、Lambda上で実行したいソースコードをLambda関数として登録するだけで、簡単にプログラムを実行できます。Lambda関数の記述に使えるプログラミング言語はデフォルトでは、.NET（ドットネット）、Node.js（ノードジェイエス）、Java、Python、Rubyになります。

Lambda

ソースコードの
アップロード

.NET、Node.js、
Java、Python、
Rubyを実行できる

 Lambdaでは実行環境が用意されているから、ソースコードをアップ
ロードするだけで、プログラムを実行できるんだ。

普通、Pythonとかを実行しようと思ったら、パソコンにPythonを
インストールして……という手順が必要だよね。それが必要ないって
こと？

 そうそう。

なんだか便利そうだね！

Lambdaはイベント駆動型の処理が行える

Lambdaはイベント駆動型の処理が行えるというのが大きな特徴です。イベント駆動型
とは、プログラムを処理するきっかけ（トリガー）によってプログラムを実行することで
す。Lambdaではたくさんのトリガーが用意されており、例えば以下のようなものがあり
ます。

- **S3のバケットにファイルが置かれたとき**
- **AWS CodeCommit**（ソースコードの管理サービス）のリポジトリにソースコードが
  プッシュされたとき
- **API Gateway**（API作成サービス）の**API**からリクエストが送られたとき

トリガーを使うと例えば、「S3のバケットにファイルが置かれたときに、Lambda関数が
起動し、ファイルのサムネイル生成処理を行う」といったことが実現できます。

バケットにファイルが
置かれたのをトリガーとして
Lambda 関数が起動

S3

Lambda

アップロード

元画像を保存する
バケット

画像

S3

生成したサムネイルを
バケットに保存

サムネイルを保存する
バケット

Lambdaを使うと、ほかのAWSサービスで行われたことと連携させ
たアプリケーションを作れるんだ。

へえ〜。画像にいつも決まった加工をしたい、っていうのはよく使い
そうな処理だね。

そうだね。

LESSON
29

Lambdaの使用例

　Lambdaなどのサーバーレスサービスを使ってWebサイトを構築することも可能なので、構築例を紹介しておきましょう。

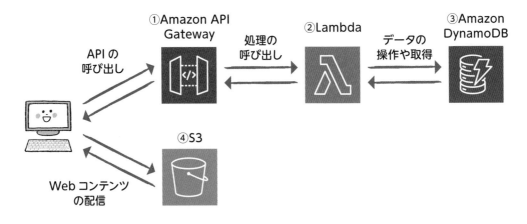

利用するAWSサービス

番号	サービス名	用途
①	API Gateway	Webコンテンツから呼び出すAPIの構築に利用
②	Lambda	APIに応じたプログラムを実行するサーバーとして利用
③	DynamoDB	Webサイトのデータを管理するデータベースとして利用
④	S3	Webコンテンツの配信

このように、サーバーレスサービスを使って、なるべく人手によるサーバーの管理が不要になるようにした構成を、**サーバーレスアーキテクチャ**と呼ぶんだ。正直、初心者にとってはちょっとわかりづらい構成なんだけど、モダンな開発手法として注目を集めている構成だから、用語は押さえておくといいよ。

Lambdaを使う流れ

Lambda の基本機能を学んだので、次は、Lambda を使う際の具体的な手順について学びましょう。

Lambdaを使うと、いろいろなイベントをきっかけにプログラムを実行できるのがわかったよ〜。

それはよかった。

でも、実際にLambdaへソースコードをアップロードするときはどういう手順が必要なの？

大きく4つのステップがあるよ。1つずつ解説していこう。

4ステップなんだ！　それなら簡単かな！？

Lambdaは使い始めるのは簡単だよ〜。

 ## Lambdaへのソースコードアップロード手順

Lambdaへソースコードをアップロードするには、まずLambda関数を作成する必要があります。

| Step1 | Lambda 関数を作成する
・関数名の指定
・実行環境を選ぶ（.NET や Python など） |

↓

| Step2 | トリガーを選ぶ
・S3 や API Gateway などのトリガーを選んで設定 |

↓

| Step3 | ソースコードをアップロード
・マネジメントコンソール、ZIP ファイル、S3 のいずれかで行う |

↓

| Step4 | Lambda 関数をデプロイ |

Step1 Lambda関数を作成する

　まずは、Lambda関数を作成します。Lambda関数を作成する際は、関数名や実行環境（ランタイム）を指定します。ランタイムは、P.175でも述べたように、.NET、Node.js、Java、Python、Rubyの特定のバージョンが用意されています。

　なお、カスタムランタイムという機能を使うと、用意されていないバージョンやほかのプログラミング言語の実行環境を作成することも可能です。

使いたいプログラミング言語が用意されていない場合は、カスタムランタイムを使うんだ。要件に応じて利用してみよう。

Step2 トリガーを選ぶ

Lambda関数を実行するトリガーを選びます。トリガーに設定できる代表的なAWSサービスは以下の通りです。

- **API Gateway（API作成サービス）**
- **AWS CodeCommit（ソースコード管理サービス）**
- **S3**
- **SQS（キュー形式のメッセージングサービス）**
- **SNS（Pub/Sub形式のメッセージングサービス）**
- **DynamoDB（データベースサービス）**

トリガーに設定できるサービスはほかにもあるよ。

Step3 ソースコードをアップロード

マネジメントコンソールを使うと、Webブラウザ上でLambda関数に登録するソースコードが編集できます。ソースコードは、ZIPファイルや、S3のファイルを指定してアップロードすることも可能です。

LESSON

30

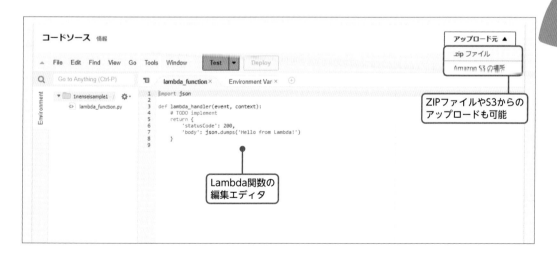

ZIPファイルやS3からのアップロードも可能

Lambda関数の編集エディタ

Step4 Lambda関数をデプロイ

Lambda関数を実行するには、デプロイが必要です。デプロイとは、ソースコードを実行可能な状態にする処理のことです。

 これでLambda関数を使う流れは終わりだよ。

ふーん。EC2やRDSとかよりは簡単そうだね。

 サーバーレスサービスだから、インスタンスタイプとかを選ぶ必要がないんだ。

 # Lambdaの利用料金

Lambdaの利用には基本的に、関数を実行している時間に応じて料金が発生します。この料金は、選択したアーキテクチャや、割り当てられるメモリ量などに応じて変動します。

料金は関数を実行している間に発生するので、処理時間が少ないケースでは、EC2などに比べて料金の最適化が図りやすいという特徴もあります。

これから何を
勉強したらいいの?

AWS の基礎知識が身に付きましたが、AWS を使ってシステムを作るには、
必要な知識はまだまだあります。

 これで本書での AWS の学習は以上だよ。どうだった?

 うーん。難しい用語が多かったけど、AWSはどういう操作を行って
使うものなのか、イメージできるようになったよ。

 うんうん。あとは?

 サービスを組み合わせることでさまざまなシステムが作れることがよ
くわかったよ。

 それはAWSを理解する上でとっても重要だよ〜!

 じゃあ、わたし、もうAWSマスターって感じ!? 響きがカッコイイ〜。

 でも、AWSはもっとたくさんのサービスがあるから、まだまだこれ
からだよ。

 そっかあ。じゃあ、もっとたくさんサービスを学ぶ必要がある?

 そうなんだけど、まずは、本書で紹介したEC2やRDSなどのサービス
を実際に触ってみることをおすすめするよ。AWSには公式のeラー
ニングがあるから、それをやってみるといいよ。

＜AWS初心者向けハンズオン＞

https://aws.amazon.com/jp/events/aws-event-resource/hands-on/

 いろいろな講座があるんだね。最初はどれをやってみるのがいいのかなあ？

そうだねえ。本書の復習という意味では、まずは以下の講座がおすすめかな。

＜ハンズオンはじめの一歩: AWSアカウントの作り方＆IAM基本のキ＞

https://pages.awscloud.com/JAPAN-event-OE-Hands-on-for-Beginners-1st-Step-2022-reg-event.html?trk=aws_introduction_page

＜Security #1 アカウント作成後すぐやるセキュリティ対策＞

https://pages.awscloud.com/JAPAN-event-OE-Hands-on-for-Beginners-Security-1-2022-reg-event.html?trk=aws_introduction_page

＜Network編#1 AWS上にセキュアなプライベートネットワーク空間を作成する＞

https://pages.awscloud.com/JAPAN-event-OE-Hands-on-for-Beginners-Network1-2022-reg-event.html?trk=aws_introduction_page

さっきの講座のあとは、AWSの全体像をつかむためにも、「スケーラブルウェブサイト構築編」という講座に進むのがいいかな。

＜スケーラブルウェブサイト構築編＞

https://pages.awscloud.com/JAPAN-event-OE-Hands-on-for-Beginners-Scalable-2022-reg-event.html?trk=aws_introduction_page

自分が興味の湧く講座からやってみていいんだけど、おすすめとしてはこの順番かな。

そうなんだね〜。なるほど。

実際に触って操作を学んだら、ほかのサービスについても知っていくといいよ。

例えば、どんなサービスを学ぶといいの？

本書ではサーバーレスサービスはLambdaしか詳細を解説していないけど、P.174にもあるような、ほかのサーバーレスサービスを学んでみるといいかな。

ふむふむ。

LESSON
31

あとは、セキュリティ関連の機能や、DevOps（デブオプス）と呼ばれる分野を押さえておきたいところかな。ただ、初心者にとって難易度が高い分野だから、まずはサーバーレスサービスまでを学ぶのがいいと思う。本書の最後にはAWSサービス一覧が付録であるから、参考にしてみてね。

ちょっと難しそうだけど、がんばってみようかな！？

AWSでは「AWS認定」という資格も提供されているから、資格を取得することを、1つの目標にするのもおすすめだよ。

＜AWS認定＞

https://aws.amazon.com/jp/certification/

ちなみに先生、AWSのサービスを学ぶ際、勉強のポイントとかはある？　用語を覚える、というのはわかっているけど。

そうだねえ。AWSはサービス数が多い分、「どのサービスを使えば何ができるのか」が初心者にはわかりにくい部分があるから、「何をするためのサービスなのかを押さえる」ことを意識するのが大事かな。

ほうほう。

あとは、IT用語全般にいえることだけど、サービス名や機能に使われている英単語の意味を調べてみると、理解の助けになるよ。だから、この本ではそうしてたんだ。

確かに、語源を調べると、イメージしやすくなりそうだね。

そうだね。何度もいうけど、AWSのサービスは数が多いから、サービスすべてを理解する必要はない。だからまずは本書で紹介したサービスをしっかり理解しよう。そこから、サーバーレスサービスなど、自分が必要だったり興味を持ったりできるサービスの概要を学ぶ→公式のチュートリアルで実際に操作をする、というサイクルを繰り返していくといいよ。

わかった。これからも、がんばるよ～。

付録：AWSのサービス一覧

AWSの代表的なサービスを、分野別に紹介します。サービスの概要を調べたり、AWSの全体像を把握したりしたい場合に、参考にしてください。

コンピューティング

サービス名	概要
Amazon EC2	仮想サーバーを作成できるサービス。用途・目的によって、インスタンスの種類や料金プランなどを細かく選択でき、状況に応じてそれらを柔軟に変更可能
AWS Lambda	アプリケーションの実行環境を提供する、サーバーレスサービス
Amazon EC2 Auto Scaling	EC2のインスタンスを必要に応じて、自動でスケーリングできるサービス
AWS Fargate	サーバーレスでコンテナ（隔離された仮想サーバーのこと）を実行できるサービス
Amazon Lightsail	Webアプリケーション（WordPressなど）を動作させるのに必要なものをパッケージで提供するサービス。パッケージ化されているので、簡単に使い始められるという特長がある

ネットワーク

サービス名	概要
Amazon VPC	仮想ネットワークを作成できるサービス
Amazon Route 53	ドメイン名とIPアドレスを結び付ける、DNS（ドメイン・ネーム・システム）を提供するサービス。管理対象の動作状況を確認する「ヘルスチェック」という機能も持っており、あらかじめ複数リージョンにサーバーを構築しておくと、障害発生時にはアクセス先を切り替えるといったことが可能
Amazon CloudFront	エンドユーザーに近い場所でコンテンツを配信することで、Webサイトのレスポンスを速くするサービス
Elastic Load Balancing	サーバーへのアクセスを振り分け、負荷を分散させるサービス

ストレージ

サービス名	概要
Amazon S3	データをオブジェクトという単位で管理する、オブジェクトストレージのサービス
Amazon EBS	EC2インスタンスのデータを長期的に保存するための、ブロックストレージサービス
Amazon EFS	階層構造でデータを管理する、ファイルストレージのサービス
AWS Backup	AWSサービスのバックアップを自動で取得し、管理できるサービス。バックアップの対象にできるAWSサービスには、Amazon EC2やAmazon S3、Amazon EBSなどさまざまなものがある

データベース

サービス名	概要
Amazon RDS	リレーショナルデータベースを構築できるサービス。DBMSは、MySQLやPostgreSQL、Oracleなどから選べる
Amazon Aurora	AWSが独自に開発した、リレーショナルデータベース管理システム
Amazon DynamoDB	NoSQLの一種である、キーバリューストア型データベースを構築できるサービス
Amazon ElastiCashe	インメモリ型データベースを構築できるサービス
Amazon DocumentDB	ドキュメント型データベースを構築できるサービス
Amazon Neptune	グラフ型データベースを構築できるサービス
Amazon Timestream	時系列型データベースを構築できるサービス

IoT

サービス名	概要
AWS IoT Greengrass	AWSの機能をIoTのエッジデバイスで使えるようにするためのサービス
AWS IoT Core	IoTのエッジデバイスとAWSを接続して利用する際の、基本となるサービス

機械学習

サービス名	概要
Amazon SageMaker	機械学習のモデルを構築・トレーニング・デプロイできるサービス
Amazon Translate	機械学習を利用して、テキストの翻訳を行うサービス

データ分析

サービス名	概要
Amazon Redshift	データをデータ分析に向いた形式で管理できるデータウェアハウスサービス
Amazon QuickSight	Amazon S3やAmazon Redshiftに蓄積されたデータを基に分析・可視化するBIツール
AWS Glue	オンプレミスおよびAWS上のデータを基にしたデータ分析における、データの変換や抽出を担う、サーバーレスサービス
Amazon Athena	Amazon S3上やオンプレミスのデータソースのデータに対してSQL文を発行し、データ分析を実行できるサービス

管理・運用

サービス名	概要
AWS Budgets	予算を作成できるサービス。利用料金が作成した予算を超えそうな場合や予算に達した場合に、メールや、チャットツールであるSlackなどで通知するよう設定できる
AWS Cost Explorer	AWSの使用状況や料金を閲覧できるサービス
Amazon CloudWatch	AWS上やオンプレミス環境のリソースを監視し、ログの収集や状態のモニタリングなどができるサービス。ほかのAWSサービスと組み合わせることで、状態に応じてメールで通知を送ったり、インスタンスを起動・変更・停止させたりすることも可能
AWS CloudTrail	AWSアカウントの操作ログを記録するためのサービス。システム監査などのために証跡を保存することも可能
AWS IAM	AWSのユーザーとアクセス権限を管理する
AWS KMS	データを暗号化するのに使う、暗号鍵を管理するサービス
AWS CloudFormation	テンプレートをデプロイすることで、AWSリソースを構築できるサービス

ビルド・テスト・デプロイ

サービス名	概要
AWS CodePipeline	ソースコードのコミットからビルド・テスト、デプロイまでを包括的に管理するためのサービス
AWS CodeCommit	ソースコードを管理するためのサービス。Gitとの互換性がある
AWS CodeBuild	ソースコードのビルド・テストを自動化するためのサービス
AWS CodeDeploy	アプリケーションをEC2やオンプレミス環境のサーバーへ自動的にデプロイできるサービス

その他の主要サービス

サービス名	概要
Amazon API Gateway	API（外部から呼び出せるプログラム）を構築できるサーバーレスサービス
Amazon SQS	キュー形式（到着した順番にデータを取り出す形式。キューの種類によっては順序を保証しないものもある）でメッセージの送受信が行える、サーバーレスサービス
Amazon SNS	Pub/Sub形式（複数のメッセージ受信者がいる形式）でメッセージの送受信が行える、サーバーレスサービス
Amazon EventBridge	イベント（処理の完了やデータの書き込みなどサーバー・システム上での出来事）の発生によって、サービス同士を連携させることができるサービス
Amazon SES	大量のEメールを送信できるサービス。メールマガジン配信などに利用可能
AWS Amplify	Webアプリケーションやスマホアプリ用の開発フレームワーク。UIの構築からサーバーの設定、デプロイまでをまとめて行うことが可能

索引

●監修者プロフィール

鮒田 文平（ふなだ・ぶんぺい）

株式会社 NTT データ
IT スペシャリストとして、オンプレミスからクラウド、PoC から要件定義・設計・構築・試験・運用と幅広く担当。近年は主に AWS を用いたシステム開発に従事。
AWS 認定資格全 12 種、IPA ネットワークスペシャリスト等の資格を保有。

●著者プロフィール

リブロワークス

「ニッポンの IT を本で支える！」をコンセプトに、主に IT 書籍の企画、編集、デザインを手がけるプロダクション。SE 出身のスタッフも多い。最近の著書は『SQL1 年生 データベースのしくみ』（翔泳社）、『Web 技術で「本」が作れる CSS 組版 Vivliostyle 入門』（C&R 研究所）、『LINE/Facebook/X/Instagram/YouTube/TikTok の「わからない！」をぜんぶ解決する本』（宝島社）、『2024 年度版 みんなが欲しかった！IT パスポートの教科書＆問題集』（TAC 出版）など。
https://www.libroworks.co.jp/

装丁・扉デザイン	大下 賢一郎
装丁・本文イラスト	あらいのりこ
漫画	ほりたみわ
編集	藤井 恵（リブロワークス）
本文デザイン・DTP	リブロワークス・デザイン室
校正協力	佐藤 弘文

エーダブリューエス
AWS1年生 クラウドのしくみ
図解でわかる！会話でまなべる！

2024 年 3 月 13 日　初版第 1 刷発行
2024 年 7 月　5 日　初版第 2 刷発行

監　修　者	株式会社 NTT データ 鮒田 文平
著　　　者	リブロワークス
発　行　人	佐々木 幹夫
発　行　所	株式会社翔泳社（https://www.shoeisha.co.jp）
印刷・製本	株式会社シナノ

ISBN978-4-7981-8007-6
Printed in Japan